Tessloffs superschlaues

ANTWORT BUCH

Erde und Weltall

Von Dr. Rainer Köthe

Illustriert von Lorenzo Orlandi (Studio Novartis) und Thies Schwarz

Tessloff Verlag

Inhalt

Unsere Heimat im All

Unsere Sonne

Der Mond

Das Planetensystem

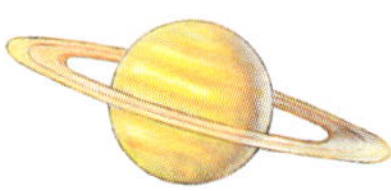

Inhalt

Flüsse und Seen

Wetter, Wind und Stürme

Vulkane und Erdbeben

Berge und Gebirge

Inhalt

Ozeane und Meere

Unter-irdisches

Sand und Steine

Schätze aus dem Boden

Unsere Heimat im All

Wir leben auf einer blauweißen Kugel mitten im unermesslichen Weltall, beleuchtet und erwärmt von einer glühenden Kugel, der Sonne. Doch warum scheint die Sonne nachts nicht, und warum ist es bei uns im Winter kälter als im Sommer?

Woher weiß man, dass die Erde eine Kugel ist?

Lange Zeit hielten die Menschen die Erde für eine Scheibe. Erst den griechischen Gelehrten kamen vor über 2000 Jahren Zweifel daran. Ihnen war aufgefallen, dass bei allen Mondfinsternissen der Schatten der Erde auf dem Mond stets kreisförmig ist, egal wie beide zueinander stehen. Und der einzige Körper, der in jeder Lage einen kreisförmigen Schatten wirft, ist die Kugel. Und schon damals wusste jeder Seefahrer, dass man von einem aus der Ferne näher kommenden Schiff zuerst die Masten und erst später den Rumpf sieht.

Genau genommen, so weiß man heute, ist die Erde gar keine vollkommene Kugel. Am Äquator ist sie etwas bauchig, an den Polen hingegen ist sie abgeplattet. Die Entfernung vom Nordpol zum Erdmittelpunkt ist daher um etwa 20 Kilometer kürzer als vom Äquator zum Erdzentrum. Ursache ist die Drehung der Erde, die besonders die Äquatorregionen etwas nach außen zieht.

Was sind Himmelsrichtungen?

Wenn man einige Monate lang den Himmel betrachtet, entdeckt man bald, dass es bei der Bewegung der Sonne und der Sterne über das Himmelszelt Regelmäßigkeiten gibt. Nachts erkennt man einen Punkt am

Himmel, der scheinbar still ruht, während sich alle Sterne um ihn drehen. Dieser Punkt steht über einer Stelle des Horizonts, die der Richtung des Sonnenhöchststandes genau gegenüber liegt.

Zwischen diesen beiden Richtungen zieht man nun eine Linie und eine weitere quer dazu. Diese vier Himmelsrichtungen nennen wir Süden (Sonnenhöchststand), Norden (Ruhepol am Himmel), Osten und Westen.

Die Achse, um die sich die Erde dreht, geht durch zwei Punkte, den Nordpol und den Südpol. Der scheinbar ruhende Punkt am Himmel, der Himmelsnordpol, steht genau über dem Nordpol der Erde. Einen Punkt mit gleichen Eigenschaften gibt es auch über dem Südpol.

Warum gibt es Tag und Nacht?

Jeden Morgen geht die Sonne im Osten auf, zieht über den Himmel und verschwindet abends im Westen unter dem Horizont. Jahrtausendelang glaubte man tatsächlich, dass sich dabei die Sonne bewegt, während die Erde still steht. Erst vor knapp 500 Jahren fand der Astronom Nikolaus Kopernikus heraus, dass es genau umgekehrt ist. Nicht die Sonne geht auf und unter. Es ist vielmehr die Erde, die sich ständig um ihre Achse dreht und so die Sonnenbewegung vortäuscht. Auf der zur Sonne gewandten Seite herrscht dabei jeweils Tag, auf der anderen Seite Nacht.

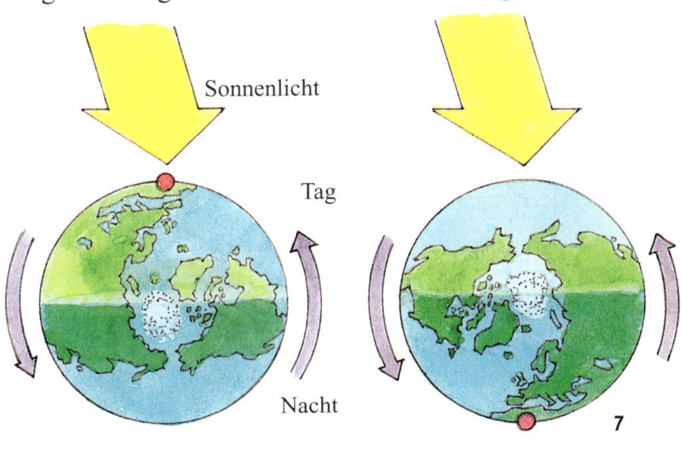

Für eine Ameise, die zum Beispiel genau auf dem Punkt „Hamburg“ des drehenden Globus sitzt, taucht der Lampenschein zunächst in östlicher Richtung auf: Die Lampe geht für sie im Osten auf. Dann wird es immer heller, die Lampe klettert immer höher hinauf auf ihrem „Himmel“, bis sie schließlich aus der Südrichtung scheint – jetzt ist für die Ameise Mittag. Danach wandert die Lampe wieder zum Horizont hinunter, und schließlich verschwindet der Schein der Lampe im Westen.

An jedem Punkt der Erde ist ein Tag gleich lang, nämlich 24 Stunden. Aber die Länge von Tages- und Nachtzeit innerhalb dieses Zeitraums hängt stark vom Standort auf der Erde ab. Am Äquator sind Helligkeit und Dunkelheit jeweils etwa 12 Stunden lang. Am Nordpol dagegen geht die Sonne im Sommer ein halbes Jahr lang gar nicht unter, dafür im Winter ein halbes Jahr lang nicht auf – am Südpol ist es jeweils genau umgekehrt.

Wie schnell bewegt sich die Erde?

Ein Mensch, der auf dem Äquator steht, bewegt sich durch die Rotation der Erde mit der Düsenjägergeschwindigkeit von 1674 Kilometern pro Stunde. Gleichzeitig rast er mitsamt der Erde auf ihrer Bahn um die Sonne und legt dabei 30 Kilometer pro Sekunde zurück. Die Erde bewegt sich aber auch mitsamt der Sonne auf einer Umlaufbahn um das Zentrum der Milchstraße und entwickelt dabei ein unvorstellbares Tempo von 217 Kilometern pro Sekunde – und braucht dennoch 250 Millionen Jahre für eine Umkreisung.

Schließlich rast die gesamte Milchstraße mit noch höherem Tempo durchs All. Wir spüren allerdings all diese Bewegungen nicht. Denn die Erde hält alle Dinge und Lebewesen auf der Erdoberfläche mit ihrer Schwerkraft fest, selbst die Lufthülle. Und weil sich alle Dinge um uns herum gleichmäßig bewegen, selbst die Luft und der Boden unter unseren Füßen, spüren wir die Bewegung nicht.

Ist es überall auf der Erde gleich spät?

Keineswegs. Zum Beispiel betrachtet man Mittag als die Zeit, wenn die Sonne ihren täglichen Höchststand über dem Horizont erreicht hat. Das hat sie dann, wenn der Beobachtungspunkt auf der Erde – vom Erdmittelpunkt aus gesehen – genau in Richtung Sonne zeigt. Das gilt aber wegen der Erdrotation immer nur für einen kurzen Moment. Die Mittagszeit rotiert sozusagen einmal in 24 Stunden um die Erde – oder genauer: Die Mittagszeit bleibt konstant, nämlich Richtung Sonne, und die Erde dreht sich unter ihr durch.

Eigentlich hat die Erde also, weil ein Tag 1440 Minuten hat, 1440 Mittagsminuten, und damit 1440 verschiedene „Uhrzeiten“. Da so viele verschiedene Uhrzeiten verwirrend wären, führten einzelne Länder Mitte des 19. Jahrhunderts eine einheitliche, im ganzen Land gültige Zeit ein. Diese Zeit entsprach nur noch ungefähr dem Sonnenstand. 1884 wurde dann auf einer internationalen Konferenz die Erde in 24 Zeitzonen zu je einer Stunde unterteilt. Jede Zone reicht vom Nordpol bis zum Südpol, und innerhalb jeder Zone herrscht die gleiche Zeit. Beim Übergang zur nächsten Zone muss man seine Uhr um eine volle Stunde vor- oder zurückstellen (Ausschnitt aus einer Zeitzonenkarte siehe Seite 9).

Wie entstehen die Jahreszeiten?

Frühling

Im Sommer ist es viel wärmer als im Winter. Das liegt aber nicht daran, dass die Erde im Sommer näher an der Sonne stünde als im Winter. Der Abstand ändert sich kaum.

Sommer

Ursache für die Jahreszeiten ist die Stellung der Achse, also der gedachten Linie zwischen Nord- und Südpol. Sie steht nämlich nicht senkrecht auf dem Kreis, den die Erde bei ihrem jährlichen Umlauf um die Sonne beschreibt, sondern ist in einem Winkel von etwa 23 Grad schräg. Mithilfe eines Globus, den du im Kreis um eine Lampe (als Sonne) führst, kannst du es leicht feststellen: Die Sonne scheint nicht gleichmäßig stark auf die verschiedenen Teile der Erde.

Auf einem Teil der Bahn ist die Nordhälfte stärker beschienen – dann herrscht hier Sommer. Am gegenüberliegenden Teil der Bahn ist es genau umgekehrt, dann herrscht im Norden Winter, dagegen im Süden Sommer. Und dazwischen liegen Frühling und Herbst als Übergangsjahreszeiten.

Herbst

Winter

Wie lange gibt es die Erde schon?

Mithilfe natürlicher radioaktiver Stoffe in alten Gesteinen gelang es, das Erdalter festzustellen. Diese Stoffe wandeln sich innerhalb einer bekannten Zeitspanne in einen anderen Stoff um. Wenn man nun die Mengen des neuen und des alten Stoffes misst und vergleicht, kann man ausrechnen, wie viel vom ursprünglichen Stoff vorhanden war. Für die Erde kam man dabei auf ein Alter von 4600 Millionen Jahren. Stellt man sich das gesamte Alter der Erde als ein einziges Jahr vor, entstand die Erde am 1. Januar. Erst Mitte November tauchten die ersten mehrzelligen Lebewesen auf; die Dinosaurier hatten ihre Blütezeit um den 18. Dezember. Urmenschen tauchten erst am 31. Dezember, etwa vier Stunden vor Mitternacht, auf.

Unsere Sonne

Jeden Morgen geht die Sonne auf, spendet tagsüber Licht und Wärme und verschwindet abends hinter dem Horizont. Was ist das eigentlich für ein heller Ball, der da über den Himmel zieht?

Sonnenkollektoren

Warum ist die Sonne für uns wichtig?

Ohne die Sonne gäbe es kein Leben auf der Erde. Sie wäre nur ein eisiger, öder Gesteinsklumpen. Nur die Wärme der Sonne erzeugt angenehme Temperaturen in einem Bereich, in dem das lebensnotwendige Wasser flüssig ist. Die Pflanzen nutzen die im Sonnenlicht steckende Energie, um Nähr- und Baustoffe für sich selbst herzustellen. Tiere und Menschen wiederum ernähren sich von diesen Stoffen – oder von Tieren, die Pflanzen fressen. Die Wärme der Sonne treibt Winde und Stürme an und lässt riesige Mengen Meerwasser verdunsten, die dann als Regen wieder herabfallen und das Land bewässern. Kohle, Öl und Erdgas enthalten Sonnenenergie, die vor Jahrmillionen von Pflanzen und Tieren aufgenommen und gespeichert wurde. Selbst Wasser- und Windkraftwerke werden letztlich von Sonnenenergie angetrieben. In Zukunft wird man noch mehr als heute Sonnenenergie über Solarzellen und Sonnenkollektoren direkt einfangen und in Nutzwärme oder elektrischen Strom verwandeln.

Wie weit ist die Sonne von uns weg?

Wenn sie tagsüber am Himmel steht, erscheint uns die Sonne nahe. Doch in Wirklichkeit ist sie fast unvorstellbar weit weg – rund 150 Millionen Kilometer.

Erde

Ein ICE-Zug müsste, wenn es Schienen durchs Weltall gäbe, rund 70 Jahre lang ohne Pause fahren. Selbst das Überschallflugzeug Concorde, das in drei Stunden den Atlantik überquert, wäre zur Sonne fast 8 Jahre unterwegs. Und sogar das schnelle Licht braucht mehr als 8 Minuten von der Sonne zur Erde. Dass die Sonne uns trotz dieser Entfernung so nahe erscheint, liegt an ihrer gewaltigen Größe von rund 1,4 Millionen Kilometern. Auf ihren Durchmesser passen nebeneinander 109 Erdkugeln, und in ihr Volumen sogar 1,3 Millionen Erdkugeln. Würde man die Erde auf die Größe einer Apfelsine verkleinern, wäre die Sonne eine Kugel von der Höhe eines sechsstöckigen Hauses, die 1500 Meter entfernt stünde.

Sonne

Unsere Sonne in Zahlen:
Durchmesser: 1,4 Millionen Kilometer, das entspricht dem 109fachen Durchmesser der Erde · Masse: 330000fache Erdmasse · mittlere Entfernung: 150 Millionen Kilometer · Gesamtsonnenstrahlung auf die Erde: 170 Billionen Kilowatt

Warum leuchtet die Sonne?

Die Energie, die die Sonne in jeder Sekunde ins All strahlt, ist gigantisch. Messungen am Sonnenlicht zeigten, dass unsere Sonne aus Gasen besteht, vor allem aus Wasserstoff und Helium. Wasserstoff ist brennbar, aber selbst die Verbrennung des gesamten Wasserstoffs der Sonne könnte nicht annähernd die nötigen Energiemengen liefern.

Was wirklich den Sonnenofen heizt, weiß man erst seit einigen Jahrzehnten: die Atomenergie. Das Gewicht der riesigen Sonnenmasse er-

zeugt hier unvorstellbare Verhältnisse: eine Temperatur von 15 Millionen Grad Celsius und einen Druck, der etwa 250 Milliarden Mal so groß ist wie der Luftdruck an der Erdoberfläche. Dieser gewaltige Druck presst die Atomkerne des Wasserstoffs so eng zusammen, dass sich jeweils vier zu einem Atomkern des Heliums vereinigen. Bei dieser „Kernfusion", die in jeder Sekunde viele Billionen Mal stattfindet, wird Energie frei. Die Energie wandert langsam durch die Sonnenmasse zur Oberfläche. Dafür braucht sie über eine Million Jahre. Die Sonnenwärme, die gerade jetzt die Erde erreicht, entstand also zu jener fernen Zeit, als die Urmenschen das erste Feuer nutzten.

Scheint die Sonne immer gleich stark?

Es gibt durchaus kleinere Schwankungen der Sonnenaktivität. Sie machen sich unter anderem in der Zahl der Sonnenflecken (siehe nächste Frage) bemerkbar. So wurde es etwa vor 11 000 Jahren deutlich wärmer als heute; seit etwa 6 000 Jahren ist das Klima wieder abgekühlt. Im Mittelalter gab es zwischen 1100 und 1300 eine besonders warme Periode, in der Grönland besiedelt und in Norwegen und England Wein angebaut wurde. Danach aber brachen mehrere ausgesprochen kalte Zeiträume mit langen Wintern über die Menschen herein, die zu Missernten und Hungersnöten führten. Erst seit Ende des 19. Jahrhunderts steigen weltweit die Temperaturen wieder an, wobei die Temperaturkurve erstaunlich exakt der durchschnittlichen Länge der Sonnenfleckenzyklen folgt.

Wie sieht die Oberfläche der Sonne aus?

Ein gewaltiger, kochender Ball aus heißen Gasen – das ist unsere Sonne. Entsprechend lebhaft geht es auf ihrer Oberfläche zu. Hier steigen ständig gewaltige Mengen erhitzten Materials aus der Tiefe auf. Diese Gase sind über 5600 Grad Celsius heiß. Nur wenig kühler sind die Sonnenflecken. Das sind dunklere Bereiche, die in unregelmäßigen Abständen auftauchen und deren Zahl aus noch unbekannten Gründen in einem ungefähr 11-jährigen Zyklus schwankt. Wahrscheinlich behindern hier starke Magnetfelder den Wärmefluss aus dem Inneren der Sonne. Manchmal finden auf der Sonne gewaltige Explosionen und Materieausbrüche statt, die innerhalb weniger Minuten mehr Energie freisetzen können, als die Erde innerhalb einiger Jahrhunderte bekommt. Selbst die kleinsten dieser Sonnenflecken sind um ein Vielfaches größer als die Erde.

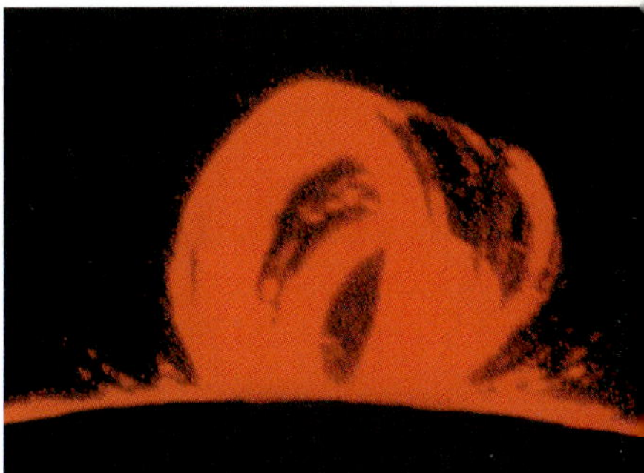

Explosion auf der Sonnenoberfläche

Hört die Sonne irgendwann auf zu scheinen?

Wissenschaftler haben ausgerechnet, dass die Sonne bei ihrer Entstehung insgesamt Brennstoff für 10 bis 11 Milliarden Jahre besessen hat. Seither ist etwa die Hälfte ihrer „Lebenszeit" vergangen. Die Sonne wird dann aber nicht einfach verlöschen, sondern es werden neue, komplizierte atomare Vorgänge in ihrem Inneren ablaufen:

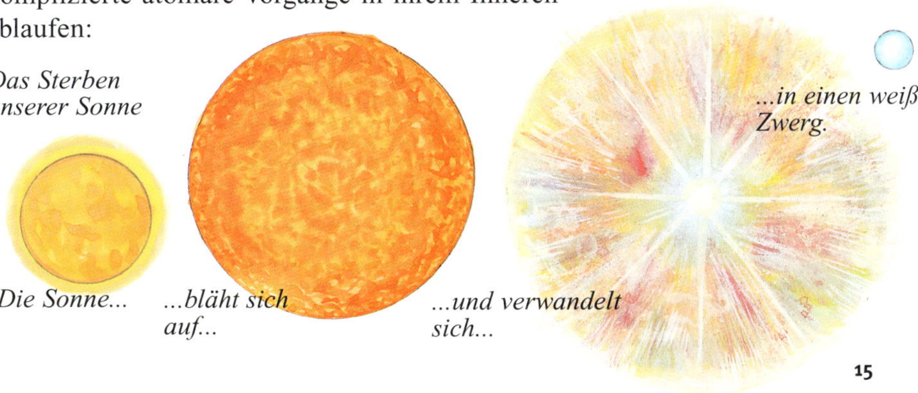

Das Sterben unserer Sonne

Der Sonnenball bläht sich auf; dabei verschluckt er die Planeten Merkur und Venus und erhitzt die Erde auf über 1 000 Grad, so dass die Ozeane verdampfen und alles Leben verlischt. Ist dann der gesamte „Brennstoff" verbraucht, zieht sich die Sonnenmasse unter der eigenen Schwerkraft zusammen und verwandelt sich in eine strahlende Kugel etwa von der Größe der Erde, einen „Weißen Zwerg". Die Materie ist darin so dicht gepackt, dass ein Teelöffel voll auf der Erde mehrere Tonnen wiegen würde. Erst im Laufe weiterer Jahrmilliarden verglüht die Sonne dann langsam.

Sind Sonnenstrahlen gefährlich?

Die Sonne schickt nicht nur Wärme und Licht ins All. Sie sendet vielmehr Strahlen fast jeder Art aus, von Radiowellen über Infrarotlicht, sichtbarem Licht, Ultraviolettstrahlung bis hin zu intensiven Röntgenstrahlen. Für Ungeschützte ist diese Sonnenstrahlung über kurz oder lang tödlich. Die irdischen Lebewesen allerdings haben einen guten Schutz: Das Magnetfeld der Erde fängt elektrisch geladene Teilchen schon weit außerhalb der Lufthülle ab. Unsere Lufthülle ist der zweite Schutzmantel. Sie schluckt den größten Teil der gefährlichen Strahlung und wandelt ihn in ungefährliche Wärme um. Eine besondere Luftschicht in etwa 30 Kilometern Höhe, die Ozonschicht, verschluckt speziell die gefährliche

Ultraviolettstrahlung. In den letzten Jahren wird die Ozonschicht immer dünner, weil bestimmte Chemikalien, die der Mensch freisetzt, aufsteigen und das schützende Ozon zerstören. Auf keinen Fall sollte man sich lange der prallen Sonne aussetzen – die Ultraviolettstrahlen schädigen die Haut und können sogar zu Hautkrebs führen. Das Motto „Braun ist gesund" hat die Medizin längst widerlegt.

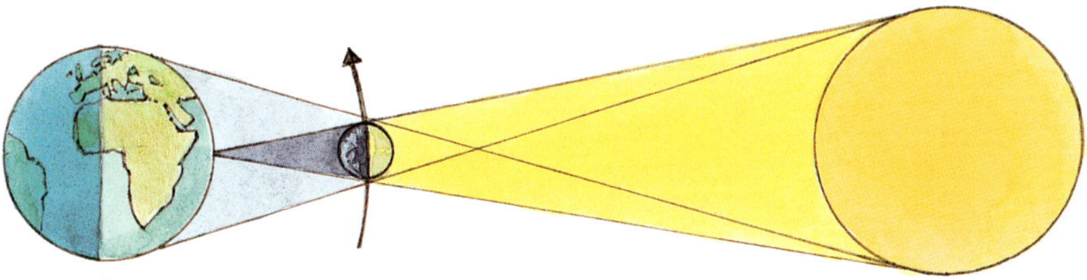

Wie entsteht eine Sonnenfinsternis?

Gelegentlich kommt es vor, dass sich der Mond bei seiner Bahn um die Erde genau vor die Sonne schiebt und sie verdunkelt. Läuft er nur nahe an der Sonne vorbei, erlebt man eine „partielle" Finsternis. Besonders eindrucksvoll aber ist eine „totale" Finsternis, bei der die Sonne für einige Minuten sogar vollständig verschwindet. Um die schwarze Scheibe am Himmel strahlt dann ein Kranz hellen Lichts auf, die „Korona" genannte äußere Gasschicht der Sonne, die sonst das Sonnenlicht überstrahlt.

Sonnenfinsternisse sind nicht selten. Alle ein bis drei Jahre kann man sie irgendwo auf der Erde erleben. In einem bestimmten Gebiet allerdings ist dieses Ereignis extrem selten und kommt nur einmal im Laufe mehrerer Jahrhunderte vor. Denn der Schatten, den der Mond auf die Erde wirft, ist nur wenige Kilometer breit. Nur innerhalb einer schmalen Zone, die von dem über die Erde huschenden Mondschatten getroffen wird, sieht man die verfinsterte Sonne.

Bei einer totalen Sonnenfinsternis wird die Korona sichtbar.

Der Mond

Manchmal steht der Mond voll und rund am Nachthimmel, dann wieder leuchtet er als Halbmond oder als schmale Sichel.
Wie sieht dieser Himmelskörper genau aus und wieso verändert er seine Form?

Wie weit ist der Mond entfernt?

Die Erde zieht nicht allein ihre Bahn um die Sonne, sie hat einen kleineren Begleiter: Der Mond ist ebenso kugelrund wie die Erde, hat aber nur ein Viertel ihres Durchmessers und sogar nur ein 81stel ihres Gewichts. Er ist unser nächster Nachbar im Weltall. Seine durchschnittliche Entfernung beträgt etwa 384 000 Kilometer. Weil die Mondbahn nicht genau kreisförmig ist, sondern eiförmig (elliptisch), ist er manchmal sogar fast 407 000 Kilometer entfernt, zu anderen Zeiten kommt er dagegen bis auf 356 000 Kilometer nahe heran. Das ist aber immer noch so weit, dass ein Concorde-Überschallflugzeug – wenn es durch den Weltraum fliegen könnte – volle 7 Tage ununterbrochen fliegen müsste. Für Raumentfernungen ist das wenig, denn zur Sonne müsste es immerhin 8 Jahre fliegen!

Warum verändert der Mond seine Form?

Der Mond sendet kein eigenes Licht aus, er wird unterschiedlich von der Sonne beleuchtet. Und deren Licht kommt, während der Mond im Laufe eines Monats um die Erde kreist, aus verschiedenen Richtungen. Steht der Mond von der Erde aus gesehen in Richtung Sonne, sehen wir ihn gar nicht, weil kein Sonnenlicht auf die zur Erde gewandte Seite fällt – diese Mondseite liegt im Schatten, dort herrscht Mondnacht. Steht der Mond genau entgegengesetzt auf der anderen Seite der Erde, wird die erdzugewandte Seite des Mondes dagegen voll von der Sonne bestrahlt. Dort herrscht dann Mondtag, und für uns leuchtet ein Vollmond am Himmel. Steht der Mond rechts oder links von der Linie Sonne-Erde, bekommt nur ein Teil der erdzugewandten Seite Sonnenlicht, und wir sehen, je nach Größe der beleuchteten Fläche, nur eine schmale Sichel, einen Halbmond oder mehr.

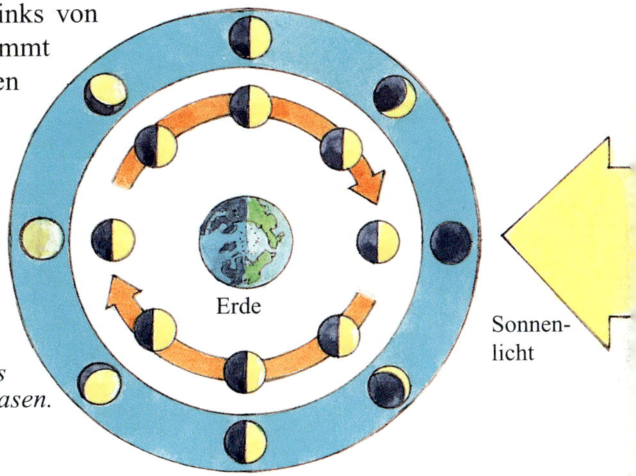

Der innere Ring zeigt die Mondbahn, der äußere die von der Erde aus sichtbaren Mondphasen.

Kann der Mond auf die Erde fallen?

Keine Sorge, das kann nicht passieren. Zwar zieht die Erde mit ihrer Schwerkraft den Mond an – und der Mond, wenn auch viel schwächer, die Erde. Aber der Mond bewegt sich auch mit einer gewaltigen Geschwindigkeit und das schon seit undenklich langer Zeit. Dieses Tempo von über 3600 Kilometern pro Stunde ist so groß, dass der Mond der Erde blitzschnell davoneilen würde, wenn sie ihn nicht mit ihrer Schwerkraft festhielte. Das ist etwa so, wie wenn ein Kind einen Ball an einer Schnur um sich herum schleudert: Solange sich der Ball bewegt, verhindert nur das Festhalten der Schnur sein Davonfliegen.

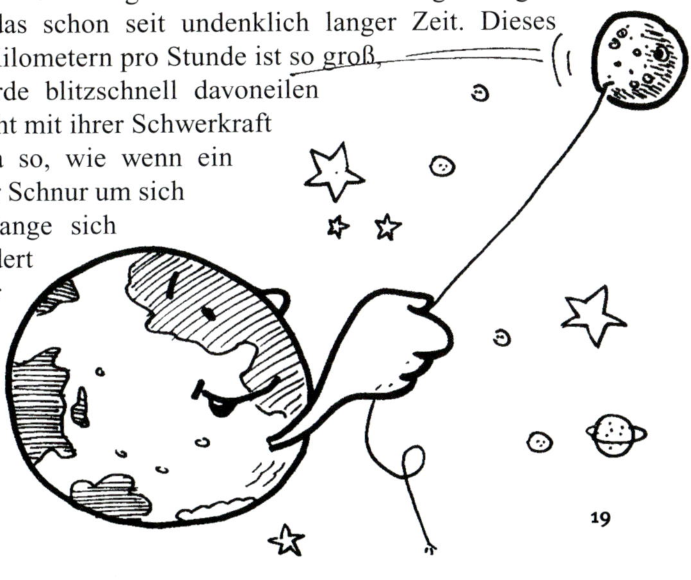

Warum gibt es auf dem Mond helle und dunkle Stellen?

Früher glaubte man, die dunklen Stellen des Mondes seien Meere und die hellen Gebiete Festland. Daher rührt die Bezeichnung für ein dunkles Gebiet: Mare (lateinisch Meer, Mehrzahl: maria). Die hellen Bereiche nennt man dagegen Hochländer. Meere gibt es auf dem Mond nicht. Die Maria sind nur Gebiete, deren Gestein dunkler ist als das der Hochländer. Es ähnelt dunkler Lava. Jedes dieser „Meere" hat einen Namen, der auf Mondkarten verzeichnet ist. Es gibt ein „Meer der Ruhe", ein „Meer der Heiterkeit" und einen „Ozean der Stürme".

Was sind Mondkrater?

Die Oberfläche des Mondes ist von mehreren hunderttausend großen und kleinen Kratern zernarbt. Die größten haben einen Durchmesser von über 200 Kilometern, die kleinsten nur einen von wenigen Metern.

Kraterformen findet man auf der Erde am Gipfel eines erloschenen Vulkans – durch die Krateröffnung drang einst die Lava empor. Auf dem Mond aber gibt es keine Vulkane mehr. Die Krater sind durch Meteoriten entstanden, also Gesteinsbrocken, die aus dem All heranrasten und auf der Mondoberfläche einschlugen. Die Strahlenkrater sieht man am besten bei Vollmond. Die anderen Krater aber sollte man bei zu- oder abnehmendem Mond betrachten. Dann sind nämlich die an der Schattengrenze liegenden Krater besonders auffällig, weil nur der Wall im Licht liegt, die Kraterfläche aber dunkel ist.

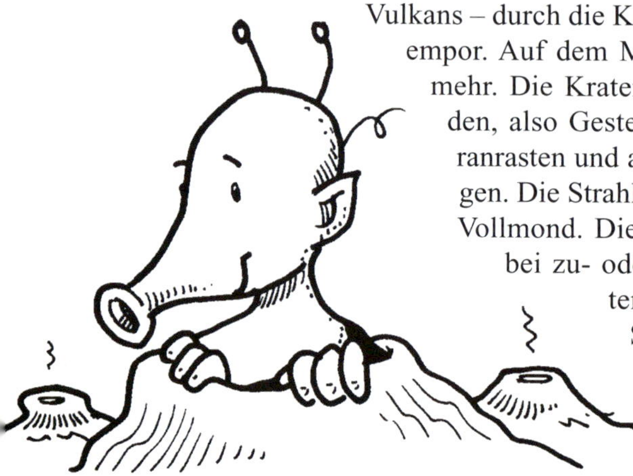

Jeder größere Mondkrater hat einen Namen, meist den eines berühmten Forschers. Diese Art der Namensgebung führte schon 1651 der italienische Astronom G. Riccioli ein. Es gibt daher Krater mit Namen wie Ptolemäus, Kopernikus, Newton, Plato, Archimedes und natürlich auch Riccioli.

Wie ist der Mond entstanden?

Lange Zeit haben die Astronomen gerätselt, wie der Mond entstanden ist. Erst die Untersuchung der Gesteinsproben vom Mond und weitere Messdaten haben die Geschichte des Mondes enthüllt. Sie zeigten, dass der Mond einst ein Teil der Erde war. Man nimmt heute an, dass ein riesiger Himmelskörper auf die Erde schlug und ein gewaltiges Stück ihrer Masse herausschleuderte. Dabei wurde auch die Erdachse gekippt. Zunächst bildete das Gestein einen Ring aus Staub und Felsbrocken um die Erde. Später zog sich das Material zu einer Kugel zusammen, die noch einmal glutflüssig wurde. Bald bildete sich eine feste Hülle, die aber weiterhin durch Meteoriten zernarbt wurde.

Reste dieser Hülle aus relativ hellen Gesteinen sind die heutigen Hochländer, die besonders viele Krater aufweisen. Der Zerfall radioaktiver natürlicher Stoffe erzeugte in den folgenden Jahrmillionen aber an manchen Stellen so viel Wärme, dass große Mengen geschmolzenen Gesteins durch die feste Hülle quollen und nach dem Abkühlen die dunkleren „Mondmeere“ bildeten.

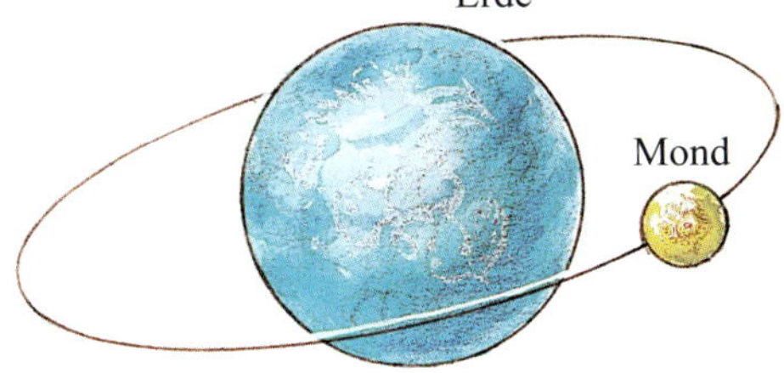

Besitzt der Mond Wasser und Luft?

Die Mondoberfläche ist ein ziemlich ungemütlicher Ort. Luft und Wasser gibt es dort überhaupt nicht. Dafür steigt die Temperatur des Mondbodens tagsüber auf etwa 120 Grad Celsius, während es in der Mondnacht mit etwa minus 150 Grad unangenehm kühl wird. Astronautenanzüge brauchen daher Heizvorrichtungen. Die Mondtage und -nächte sind weit länger als auf der Erde: Sie dauern jeweils fast 15 Erdtage. Einen Sonnenaufgang sieht man von einer Mondbasis aus also nur etwa alle 29 Tage. Das Gehen und Springen auf der Mondoberfläche fällt allerdings leichter, denn man wiegt hier nur ein Sechstel dessen, was auf der Erde die Waage anzeigt. Und jeder Fußtritt hinterlässt einen Abdruck im Staub der Oberfläche. Es ist ein seltsamer Gedanke, dass diese Abdrücke Millionen von Jahre existieren werden. Denn weder Regen noch Wind verwischen oder zerstören sie.

Fußabdruck eines Astronauten auf dem Mond

Leben auf dem Mond auch Menschen?

Im Märchen gibt es den „Mann im Mond“, in Wirklichkeit lebt dort jedoch niemand. Nur Raumfahrer von der Erde haben sich jeweils einige Tage lang dort aufgehalten. Der erste Mensch auf dem Mond war der Amerikaner Neil Armstrong, der dort am 21. Juli 1969 mit der Raumsonde Apollo 11 landete. Aber seit über 20 Jahren hat kein Mensch mehr auf dem Mond gestanden.

Verschiedene Apollo-Missionen brachten die ersten Astronauten auf den Mond.

Es gibt Pläne für ständig bewohnte Mondstationen unter großen schützenden Kunststoffkuppeln, wo in Zukunft vielleicht Forscher leben werden. Die nötigen Stoffe sollen sie aus dem Mondboden gewinnen, Energie aus dem Sonnenlicht. Aber solche Stationen sind sehr teuer und werden frühestens in einigen Jahrzehnten Wirklichkeit. Bei Aufenthalten auf der Mondoberfläche müssen die „Mondmenschen" ständig ihren Weltraumanzug tragen, weil sie sonst sofort ersticken.

Warum sehen wir immer die gleiche Mondseite?

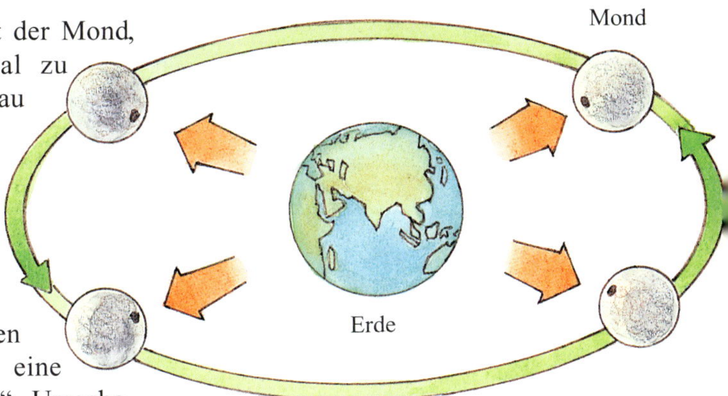

Gut 27 Tage braucht der Mond, um die Erde einmal zu umkreisen. Und genau die gleiche Zeit benötigt er auch für eine Drehung um sich selbst. Die Folge: Er zeigt uns immer die gleiche Seite. Die Astronomen nennen so etwas eine „gebundene Rotation". Ursache dafür sind die gegenseitigen Anziehungskräfte zwischen Erde und Mond: Sie haben mit der Zeit die Rotationen beider Körper gebremst. In ferner Zukunft wird vielleicht auch die Erde dem Mond immer die gleiche Seite zukehren.

Aufgrund der gebundenen Rotation des Mondes ist der größte Teil der Mondrückseite von der Erde aus stets unsichtbar. Erst den Mond umkreisende Raumsonden lieferten erste Bilder.
Es zeigte sich, dass sich die Rückseite stark von der Vorderseite unterscheidet: Auf der Mondrückseite gibt es fast keine Mondmeere. Sie konzentrieren sich auf der Seite, die der Erdkugel zugewandt ist. Diese Häufung ist sicher kein Zufall, sondern eine Folge der Erdanziehungskräfte.

Warum ist der Mond am Horizont größer?

Diese so genannte „Mondtäuschung" hängt mit unseren Sehgewohnheiten und vor allem mit der Sehverarbeitung im Gehirn zusammen. Wie genau, weiß noch niemand. Versuche einmal den Vollmond mit einem runden Gegenstand abzudecken, den du am ausgestreckten Arm vor ihn hältst – mal wenn der Mond nahe des Horizonts steht, mal wenn du ihn hoch am Himmel siehst. Dann erlebst du zwei Überraschungen: Erstens reicht schon eine Erbse oder ein Cent, um den doch so groß erscheinenden Mond zuzudecken. Und zweitens ist der Mond jedesmal etwa gleich groß. Vielleicht wird die Mondtäuschung dadurch erzeugt, dass das menschliche Auge nahe des Horizonts keine Möglichkeiten zum Größenvergleich findet.

Bei vielen Menschen verliert sich die Mondtäuschung sogar schon, wenn sie den Mond kopfüber betrachten – beuge dich einfach nach vorn und schaue den Mond und den Horizont zwischen deinen Beinen hindurch an.

Der Mond steht uns so nahe, dass man schon bei geringen Vergrößerungen viel erkennt. Dazu reicht ein Feldstecher oder ein einfaches Schüler-Fernrohr. Ein größeres Teleskop ist natürlich noch besser. Vollmond und Neumond sind allerdings eine schlechte Beobachtungszeit. Am besten sieht man Berge, Täler, Krater, Rillen und Maria (siehe Seite 20), wenn sie in der Nähe der Licht-Schatten-Grenze sind. Aber Achtung: Nie mit dem Fernglas oder Fernrohr in die Sonne schauen.

Wie kommt es zu einer Mondfinsternis?

Wie jeder andere Gegenstand erzeugt auch unsere Erde einen Schatten, wenn sie von der Sonne beschienen wird. Er ist hunderttausende von Kilometern lang, aber im dunklen Weltall normalerweise unsichtbar.

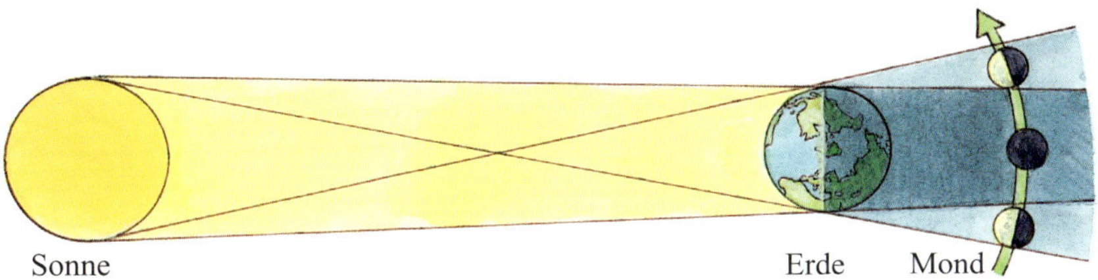

Wenn aber der Mond auf seiner Bahn gerade in den Schatten hineinläuft, wird er verdunkelt. Das geschieht natürlich nur dann, wenn der Mond von der Sonne aus gesehen genau hinter der Erde steht, also nur bei Vollmond. Und auch dann nicht immer: Meist läuft der Mond ober- oder unterhalb des Schattens hindurch. Deshalb gibt es im Durchschnitt nur einmal pro Jahr eine Mondfinsternis – entweder eine totale, oder, wenn der Mond nur teilweise beschattet wird, eine partielle. Ganz schwarz wird der Mond übrigens nicht, sondern er leuchtet mit kupferrotem Schimmer. Dieser Schimmer rührt vom Sonnenlicht her, das durch die irdische Lufthülle hindurch am Erdrand vorbei einen Weg findet.

Erzeugt der Mond Ebbe und Flut?

Der Mond verursacht die Gezeiten, also Ebbe und Flut. An der Nordseeküste erreicht das Wasser etwa alle 12 Stunden einen Flut-Höchststand, also zweimal pro Tag. Bei Flut zieht der Mond das Wasser der Ozeane auf der ihm zugewandten Seite an. So entsteht ein Flutberg. Er behält seine Position ungefähr bei, während sich die Erde unter ihm hinwegdreht. Das empfinden wir als Ansteigen und Fallen des Wassers.

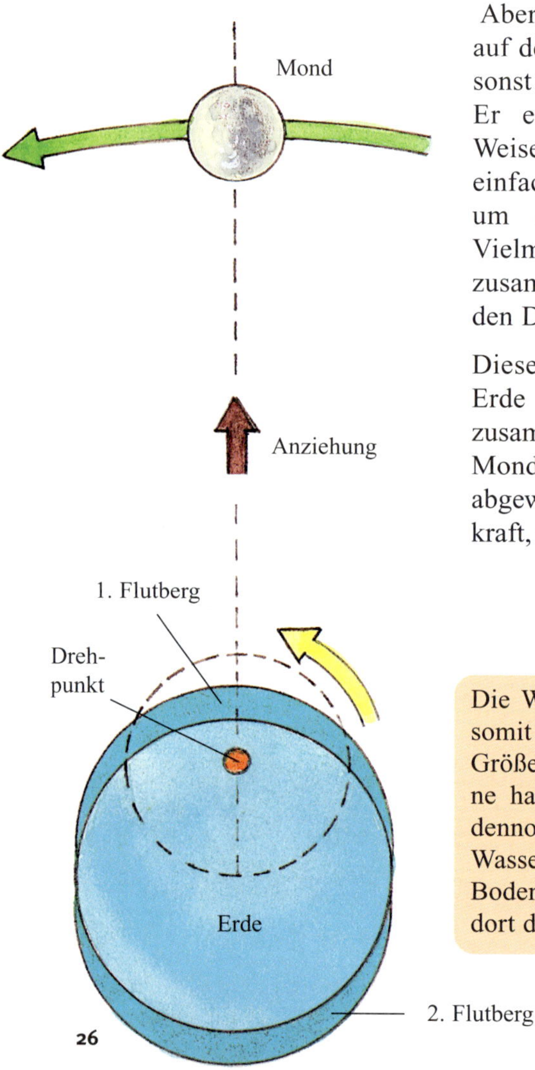

Aber es gibt noch einen zweiten Flutberg auf der dem Mond abgewandten Erdseite; sonst hätten wir nur einmal pro Tag Flut. Er entsteht auf etwas kompliziertere Weise. Der Mond rotiert nämlich nicht einfach um die Erde wie ein Karusselpferd um den Mittelpunkt des Karussels. Vielmehr drehen sich Mond und Erde zusammen um eine gemeinsame Achse, den Drehpunkt.

Dieser Drehpunkt des Systems Mond-Erde fällt nicht mit dem Erdmittelpunkt zusammen, sondern liegt näher in Richtung Mond. Daher entsteht auf der dem Mond abgewandten Seite der Erde eine Fliehkraft, und die erzeugt den zweiten Flutberg.

Die Wirkung des Mondes und somit die Stärke der Gezeiten hängt von der Größe der beteiligten Massen ab. Die Ozeane haben eine riesige Masse und werden dennoch nur 70 Zentimeter angehoben. Die Wassermengen von Ostsee, Mittelmeer und Bodensee sind bereits zu gering, weshalb dort die Gezeiten sehr klein sind.

Was hat der Mond mit dem Monat zu tun?

Die Menschen früherer Zeiten, die weder Uhr noch Kalender kannten, nutzten häufig himmlische Vorgänge als Anzeiger für bestimmte Zeiträume. Neben der Sonne, die Tag und Jahr bestimmt, bot sich der Mond als Zeitgeber an. Jede seiner Phasen (zunehmender Mond, Vollmond, abnehmender Mond, Neumond) dauert etwa sieben Tage. So wurde dieser Zeitraum zur Woche. Alle Phasen durchläuft der Mond in knapp 30 Tagen – einem Monat.

Tatsächlich hat man sich vor Jahrtausenden oft nach einem Mondkalender gerichtet – im islamischen wie im jüdischen Kalender spielt der Mond noch heute eine große Rolle. Unser Kalender ist allerdings ein reiner Sonnenkalender, obwohl Woche und Monat noch an den Mond erinnern.

Immerhin: Der Termin des Osterfestes wird immer noch vom Mond bestimmt; Ostern feiern wir am Sonntag nach dem ersten Vollmond im Frühling.

Der erste Vollmond im Frühling legt den Termin für Ostern fest.

Das Planetensystem

Die Erde kreist um die Sonne. Aber dabei ist sie nicht allein: Weitere acht große Planeten tun es ihr gleich; ebenso unzählige kleinere Himmelskörper wie Monde und Kometen.

Jupiter

Was sind die Planeten?

Wer den Sternenhimmel länger beobachtet, erkennt bald: Die Lichtpunkte sind nicht alle gleich. Einige wenige bewegen sich relativ schnell im Vergleich zu den anderen Lichtpunkten. Relativ schnell heißt: Im Laufe einiger Tage oder Wochen sieht man ihre Bewegung, weil sie ihren Abstand zu den anderen Lichtpünktchen ändern. Das war schon den Sternbeobachtern des Altertums aufgefallen. Sie nannten diese Lichtpünktchen „Planeten“ (nach dem griechischen Wort „planetes“ = die Umherschweifenden). Die Planeten sind relativ kleine Himmelskörper, die wie unser Heimatplanet, die Erde, um die Sonne kreisen. Sie leuchten nur, weil sie von der Sonne angestrahlt werden. Die anderen Lichtpünktchen am Himmel dagegen, die Sterne, sind fast alle ferne Sonnen, die genau wie unsere Sonne eigenes Licht erzeugen.

Wie viele Planeten gibt es?

Bekannt sind bisher 9 Planeten. Sie kreisen in unterschiedlichen Abständen um die Sonne und bilden gemeinsam das Planetensystem. Der sonnennächste Planet heißt Merkur, weiter außen folgen Venus, Erde, Mars, Jupiter, Saturn, Uranus, Neptun und Pluto.

Es ist möglich, dass jenseits von Pluto noch weitere Planeten existieren, die so fern und klein sind, dass man sie bisher noch nicht entdeckt hat. Zwischen den Bahnen von Mars und Jupiter kreisen noch tausende von Kleinplaneten, die nur wenige Meter bis einige hundert Kilometer Durchmesser haben. Man nennt sie „Planetoiden“ oder „Asteroiden“.

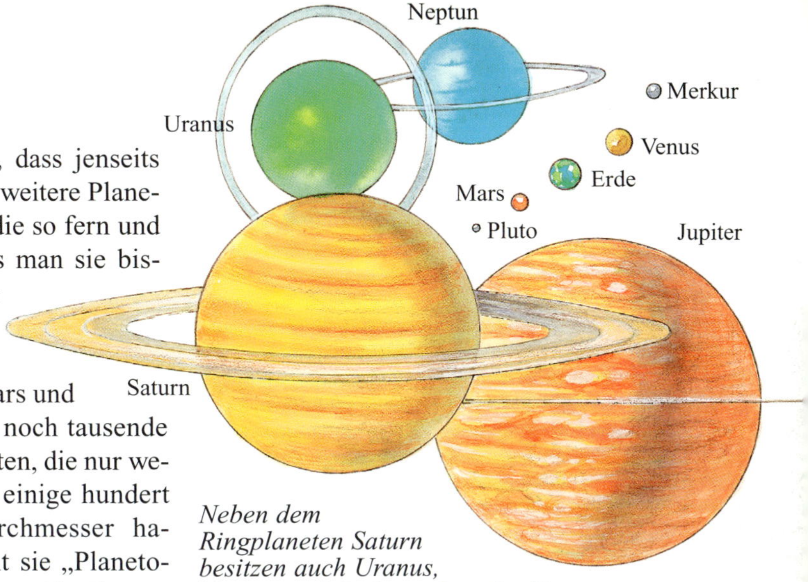

Neben dem Ringplaneten Saturn besitzen auch Uranus, Neptun und Jupiter schwache Ringe.

Zum Merken der Planetennamen gibt es einen Spruch: „Mein Vater erklärt mir jeden Sonntag unsere neun Planeten“. Der Anfangsbuchstabe jedes Wortes entspricht dem eines Planeten – in der richtigen Reihenfolge von Merkur bis Pluto.

Welcher Planet ist der größte?

Die äußeren Planeten Jupiter, Saturn, Uranus und Neptun sind alle viel größer als die inneren Planeten Merkur, Venus, Erde und Mars; Pluto ist eine Ausnahme. Aber selbst unter den großen Planeten gibt es einen absoluten Riesen, den Jupiter. Er allein hat dreimal so viel Masse wie alle anderen Planeten zusammen. Allerdings besteht er vor allem aus Gasen und Flüssigkeiten. Weil er so weit von der Sonne entfernt und daher kalt ist, sind dort auch Stoffe flüssig, die wir auf der Erde als Gase kennen, etwa Wasserstoff und

Kohlendioxid. Wasser dagegen ist zu festem Eis gefroren. Von außen gesehen bietet der Planet ein buntes Bild aus Wolkenbändern, die durch chemische Stoffe in unterschiedlichen Farben leuchten. Und auf dem Jupiter weht schon seit über 300 Jahren der größte Wirbelsturm im Sonnensystem.

Was ist der Abendstern?

Ein besonders heller Planet leuchtet manchmal wochenlang am Abendhimmel, kaum dass die Sonne untergegangen ist. Dieser Planet ist zu anderen Zeiten auch vor Sonnenaufgang zu sehen. Es ist die Venus, unser nächster Nachbarplanet. Weil sie auf einer sonnennäheren Bahn kreist, steht sie, von der Erde aus gesehen, zeitweise rechts von der Sonne, zeitweise aber auch links davon, so dass sie mal vor dem Aufgang, mal nach dem Untergang der Sonne erscheint. Die Venusoberfläche ist von der Erde aus nicht sichtbar, weil dichte Wolken sie verhüllen. Raumsonden haben gemessen, dass sie rund 500 Grad Celsius heiß ist, und der Luftdruck ist 100-mal so hoch wie auf der Erdoberfläche. Die Luft ist nicht atembar; manchmal regnet es sogar Schwefelsäure.

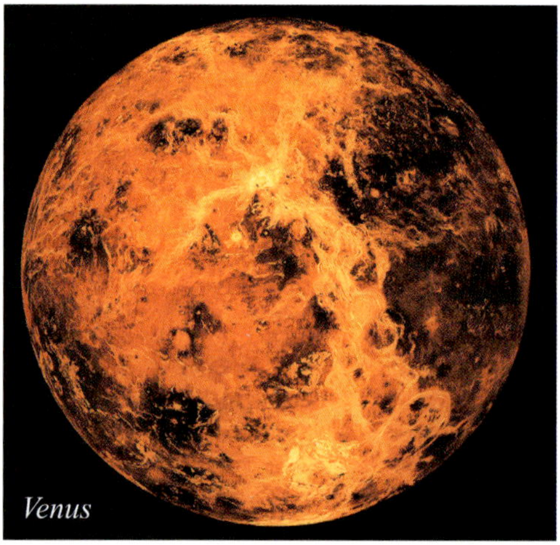

Venus

Es ist gar nicht schwierig herauszufinden, welche Planeten wann zu sehen sind. Manche Zeitungen und Zeitschriften haben dafür eine Rubrik. Wer sich mehr für Astronomie interessiert, sollte sich im Buchladen einen Himmelsführer kaufen. Und im Internet gibt es mehrere Astrokalender, etwa unter http://www.astronomie.de oder unter http://news.astronomie.info oder mit Suchmaschinen unter dem Stichwort „Astrokalender“.

Wie ist das Planetensystem entstanden?

Man nimmt an, dass es an Stelle des heutigen Planetensystems einst eine gewaltige, langsam rotierende Wolke aus gefrorenen Gasen und Staub gab. Unter ihrer eigenen Schwerkraft ballte sie sich zu einer Kugel zusammen. In deren Zentrum stiegen Druck und Hitze dabei so sehr an, dass Atomprozesse in Gang kamen, die fortan Energie lieferten: Die Sonne flammte auf. Teile der Wolke ballten sich zu kleineren Kugeln: Die Planeten entstanden.

Die äußeren Planeten behielten ihren Anteil an gefrorenen Gasen, aber die Sonnenwärme heizte die inneren Planeten auf und trieb die Gase größtenteils ins All. Daher sind die inneren Planeten viel kleiner und bestehen vor allem aus Gestein. Von der ehemaligen Wolke blieben zahlreiche Brocken übrig. Viele fielen auf die neuen Planeten und vergrößerten sie so. Andere, die Planetoiden, Kometen und Meteoriten, kreisen noch im Sonnensystem.

Entstehung eines Planetensystems

Wann hat man die Planeten entdeckt?

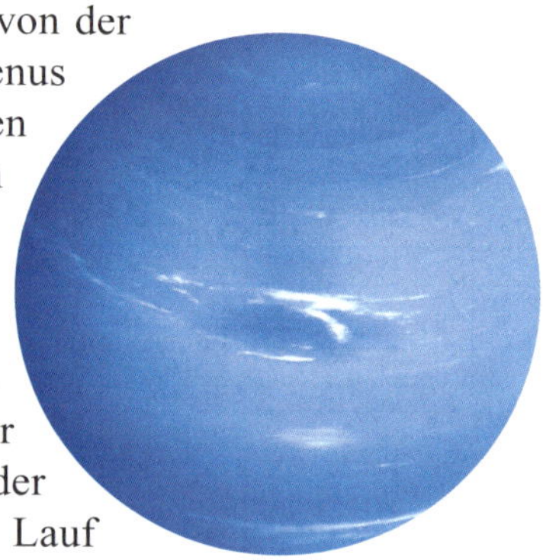
Neptun

Viele Planeten sind schon mit bloßem Auge von der Erde aus sichtbar. Besonders hell glänzen Venus und Jupiter, aber auch Mars und Saturn fallen am Himmel auf. Diese Wandelsterne waren daher schon im Altertum bekannt und wurden oft mit Göttern gleichgesetzt – daher die Namen: Jupiter war bei den Römern der Herrscher aller Götter, Venus die Liebesgöttin. Den ersten neuen Planeten nach über 2000 Jahren, den Uranus, entdeckte 1781 der Astronom Friedrich Herschel. Als man den Lauf des Uranus einige Jahre lang beobachtete, fielen Unregelmäßigkeiten auf; sie ließen sich nur mit der Existenz eines noch weiter entfernten großen Planeten erklären. 1846 wurde dieser Planet tatsächlich am Himmel gefunden und Neptun getauft. Der kleine Pluto wurde erst 1930 entdeckt.

Saturn

Das Ringsystem des Saturn

Was ist ein Ringplanet?

Das Bild ist fast jedem vertraut: der gelbe Planet Saturn mit seinem großen Ring. Er ist schon mit kleinen Fernrohren zu erkennen, aber erst die Raumsondenbilder haben uns gezeigt, woraus der Ring besteht: aus einer Wolke zahlloser Eis- und Felsstückchen von Staubkorngröße bis etwa 10 Meter. In Wirklichkeit ist es sogar nicht nur ein Ring, sondern ein System aus tausenden von kleinen Ringen. Der Gesamtdurchmesser beträgt etwa

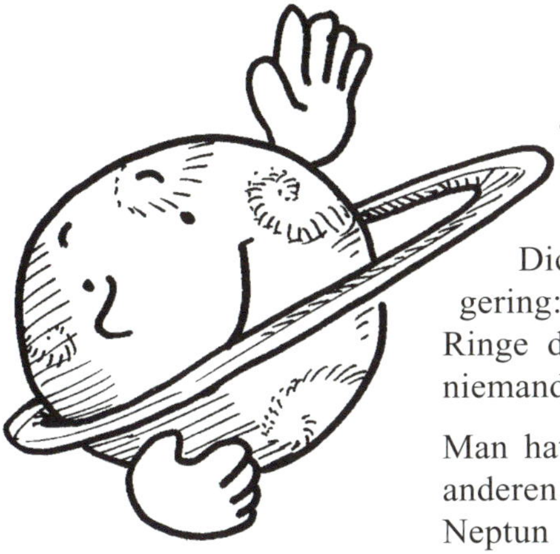

250 000 Kilometer, das ist 20-mal so viel wie der Durchmesser der Erde. Die Dicke dieses Ringsystems ist dagegen eher gering: Sie beträgt nur etwa 400 Meter. Wie die Ringe des Saturn entstanden sind, weiß bisher niemand genau.

Man hat mittlerweile beobachtet, dass auch die anderen großen Planeten Jupiter, Uranus und Neptun schwache Ringe besitzen.

Welcher Planet leuchtet rot?

Steht ein auffällig rötlicher, ruhiger Punkt am Himmel, weiß der Sternenfreund: Der Mars ist aufgegangen, unser sonnenfernerer Nachbar. Seine rote Färbung stammt vom roten Gestein und Staub seiner Oberfläche. Das Gestein ist durch Eisenverbindungen gefärbt. Die dünne Marsatmosphäre enthält keinen Sauerstoff und ist für uns nicht atembar. Einige erstaunliche Sehenswürdigkeiten haben Raumsonden auf dem Mars entdeckt. Zum Beispiel den größten Vulkan des Planetensystems, den fast 27 Kilometer hohen erloschenen „Olympus Mons“ – er ist dreimal so hoch wie der höchste irdische Berg. Außerdem gibt es dort eine gewaltige Schlucht, das „Valles Marineris“. Es würde auf der Erde als 200 Kilometer breiter Graben von Deutschland bis Pakistan reichen.

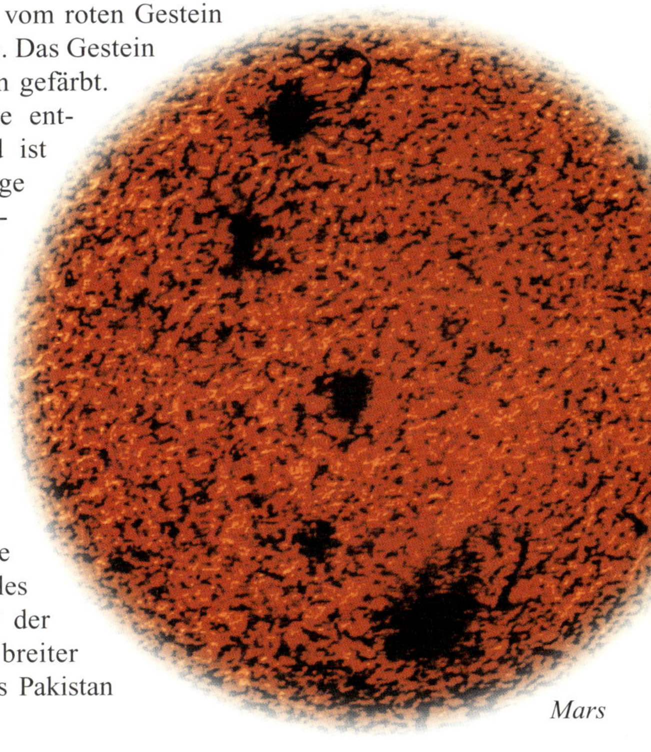

Mars

Können auf dem Mars Menschen leben?

1877 kam der Mars der Erde relativ nahe. Der italienische Astronom Giovanni Schiaparelli glaubte zu jener Zeit, seltsame gerade Linien auf dem Mars zu sehen, die ihn an Kanäle erinnerten. Kaum hatte er diese Beobachtung veröffentlicht, wurde sie zur Sensation: Man glaubte, intelligente Marsbewohner würden mit diesen Kanälen Wasser von den weißlichen, eisigen Polkappen zu ihren Äckern leiten. Die genauen Bilder, die die Marssonden in den letzten Jahren zur Erde funkten, zeigen aber weder Kanäle noch andere Anzeichen von Leben. Immerhin deuten viele Anzeichen daraufhin, dass es auf dem roten Planeten vor vielen Jahrmillionen Flüsse und Seen und vielleicht einen Ozean gab, und vielleicht gab es damals einfache Lebensformen.

Haben alle Planeten einen Mond?

Der Mond, der die Erde umkreist, ist einer der bestuntersuchten Himmelskörper – und der einzige außer der Erde, auf dem schon Menschen waren. Aber auch viele andere Planeten ziehen nicht ganz allein auf ihrer Bahn. Mars hat zwei kleine Monde namens Phobos (Furcht) und Deimos (Schrecken). Der Riese Jupiter herrscht über eine ganze Schar von mindestens 30 Monden, darunter die vier großen Ganymed, Kallisto, Io und Europa. Noch mehr Monde umkreisen

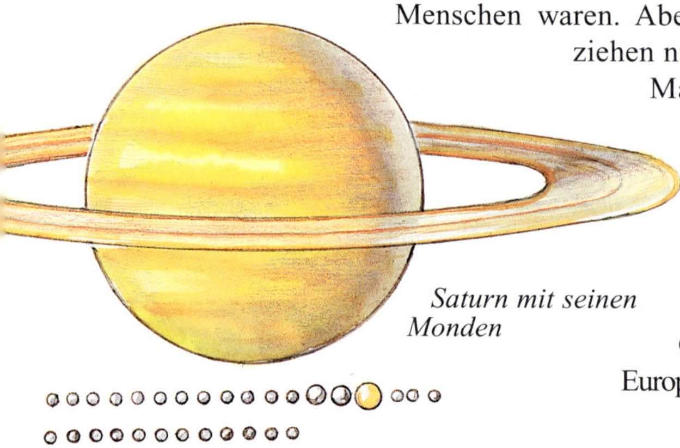

Saturn mit seinen Monden

den Saturn; Uranus hat über 15 und Neptun mindestens 8 Begleiter. Selbst der ferne Pluto besitzt einen Mond, Charon. Manche dieser Monde sind größer als unser Erdmond, aber sie sind winzig klein im Verhältnis zu ihrem Planeten.

Jupiter mit seinen Monden

Gibt es auch bei anderen Sternen Planeten?

Höchstwahrscheinlich, denn sie sind auf ähnliche Weise wie unser Sonnensystem entstanden. Allerdings sind die Planeten sehr klein und werden von ihrer Sonne überstrahlt, so dass sie bisher selbst mit großen Teleskopen nicht direkt sichtbar sind. Aber man hat bei mehreren näheren Sternen in den letzten Jahren feine Taumelbewegungen gemessen, die auf große Planeten deuten. Ob es daneben auch noch kleinere Planeten von der Größe unserer Erde gibt oder gar Leben – das lässt sich bisher nicht beantworten.

Raumsonden wie die Jupiter-Sonde Galileo erkunden für uns den Weltraum.

Was sind Kometen?

Ein Kometenschweif, der sich wochenlang wie ein gewaltiger Fächer über den Nachthimmel spannt, ist eine eindrucksvolle Erscheinung. In früheren Zeiten hielten die Menschen diese Schweifsterne für Unglücksboten. Heute aber werden Kometen nicht länger als Überbringer schlechter

Nachrichten gesehen. Dafür werden sie respektlos als „schmutzige Schneebälle“ bezeichnet. Denn ein Komet ist ein Brocken von einigen Kilometern Durchmesser aus Staubkörnchen und Gasen, die zu festem Eis gefroren sind. Am Rande des Sonnensystems bewegen sich riesige

Wolken solcher Brocken, die sozusagen als „Bauschutt“ bei der Entstehung des Sonnensystems übrig geblieben sind.

Bisweilen kommen einzelne Kometen in die Nähe der Sonne. Nun erst entwickelt sich der Schweif des Kometen. Denn in der Wärme schmilzt das Eis, die Gase und der Staub werden frei und bilden die Millionen von Kilometer langen Fahnen, die die Sonne mit ihrer Strahlung zum Leuchten bringt.

Nach einiger Zeit verschwindet der Komet dann wieder. Manche entfernen sich auf Nimmerwiedersehen. Aber andere werden von der Sonne auf eine Umlaufbahn gezwungen, die sie alle paar Jahre oder gar Jahrhunderte in Sonnennähe führt. Das freilich besiegelt ihr Ende. Denn bei jeder Annäherung an die Sonne verlieren sie einen Teil ihres Materials, und schließlich bleibt nichts übrig außer einer Wolke von Staub, der längs der ursprünglichen Bahn fein verteilt ist.

Ein Komet zieht seinen Schweif keineswegs hinter sich her.
Der Kometenschweif zeigt vielmehr stets von der Sonne weg. Denn die Sonne sendet ständig einen Strom von Atomteilchen aus, den „Sonnenwind“. Er treibt die Staub- und Gasteilchen, die aus dem Kometenkern frei werden, von der Sonne weg – ähnlich wie ein Wind eine Rauchfahne davonweht.

Warum leuchten Sternschnuppen so kurz?

Sternschnuppen sind winzige Staubkörnchen, die in der Lufthülle unserer Erde aufglühen. Einst waren diese Staubkörnchen Teil eines Kometen. Während sich der Komet in der Sonnenwärme nach und nach aufgelöst hat, verteilten sich die Staubkörnchen als Wolke entlang seiner einstigen Bahn. Kreuzt nun die Erde eine Kometenbahn, so dringen die Staubkörnchen in die Lufthülle ein, sie glühen auf und verdampfen. Dabei ziehen sie eine Lichtspur über den Himmel – und die nennen wir Sternschnuppe. Mit Sternen haben Sternschnuppen also nichts zu tun: Sterne sind riesengroße Sonnen, die nur wegen ihrer großen Entfernung als Lichtpünktchen erscheinen.

Neben den harmlosen Staubkörnchen können aber auch größere Brocken vom Himmel fallen. Auch sie sind vermutlich bei der Entstehung des Sonnensystems übrig geblieben. Sehr selten schlagen größere Steinbrocken auf der Erde ein. Diese „Meteoriten“ werfen gewaltige Krater auf, lassen riesige Flutwellen um die Erde rasen und verdüstern monatelang das Sonnenlicht durch Staubwolken. Es spricht heute vieles dafür, dass solche Geschosse aus dem All zuletzt vor 66 Millionen Jahren unter anderem die Saurier ausrotteten.

Die Entfernungen im Planetensystem können wir uns nur schwer vorstellen. Übersichtlicher ist es, wenn wir alle Maße durch eine Milliarde teilen: Dann wird ein Kilometer zum Millimeter. Die Sonne schrumpft zu einem Ball von 1,40 Meter Durchmesser. Im Abstand von 150 Metern kreist die Erde als kirschgroße Kugel. Jupiter wäre 780 Meter entfernt und so groß wie eine Pampelmuse. Saturn wäre 1430 Meter entfernt und Pluto sogar 5900 Meter.

Wie kann man Planeten beobachten?

Die großen Planeten können wir schon mit bloßem Auge sehen: Die Venus glänzt manchmal am Morgen- oder Abendhimmel, der Mars fällt durch seinen rötlichen Schein auf, und Jupiter strahlt besonders hell. Interessanter ist die Beobachtung durch einen Feldstecher oder besser ein kleines Fernrohr. Dann sieht man beim Jupiter seine vier großen Monde und kann ihre ständig wechselnde Position am Planeten verfolgen. Bei der Venus erkennt man die Phasen – ähnlich wie beim Mond gibt es die „zunehmende Venus“, die „Vollvenus“ und die „abnehmende Venus“. Und der Saturn zeigt im kleinen Teleskop sehr schön die Stellung seiner Ringe.

Mithilfe von Radioteleskopen versucht man, Botschaften aus den Weiten des Alls zu empfangen.

	Entfernung von der Sonne (in Millionen km)	Äquatordurchmesser im Vergleich zur Erde	Umlaufzeit um die Sonne
Merkur	57,9	0,38	88 T
Venus	108	0,95	224,7 T
Erde	149,6	1	365 T
Mars	227,9	0,53	687 T
Jupiter	778,3	11,19	11,8 J
Saturn	1432	9,41	29,5 J
Uranus	2884	3,98	84 J
Neptun	4509	3,81	165 J
Pluto	5966	0,27	248 J

(T = Erdtage; J = Erdjahre)

Sterne und Weltall

Still und fern leuchten die Sterne vom klaren Nachthimmel. Früher deutete man die Sternbilder als Darstellungen geheimnisvoller Tiere oder Sagengestalten. Heute wissen wir: Die Wirklichkeit ist noch viel fantastischer.

Was sind Sterne?

Jeder Stern ist eine Sonne, ein riesiger Ball aus glühenden Gasen, der ständig unvorstellbare Mengen an Energie erzeugt. Die Sterne sind jedoch so weit entfernt, dass wir sie nur als Pünktchen sehen können – aus großer Entfernung wäre auch unsere Sonne nur ein kleiner Sternenpunkt. Und woher wissen wir dann etwas über die Sterne? Weil man ihr Licht genau untersucht hat. Jedes chemische Element strahlt, wenn es erhitzt wird, bestimmte Lichtfarben aus. Sie mischen sich ins Sternenlicht und sind wie ein Fingerabdruck. Daher weiß man, dass ferne Sterne ähnlich aufgebaut sind wie unsere Sonne – vor allem aus den Gasen Wasserstoff und Helium. Mit bloßem Auge kann man in einer sehr klaren, dunklen Nacht um die 2000 Sterne sehen.

Gegen die Helligkeit der Sonne kommt kein Stern an. Sie bringt den gesamten Tageshimmel dazu, blau zu leuchten, und damit überstrahlt sie jeden Stern. Manchmal aber strahlt ein Stern so hell auf, dass er einige Tage lang selbst am Taghimmel leuchtet. Man nennt das eine „Supernova" und weiß heute, dass es eine gewaltige Sternexplosion ist. Zwischen zwei am irdischen Taghimmel sichtbaren Supernova-Erscheinungen liegen im Durchschnitt mehrere Jahrhunderte; die letzte war 1604.

Wie weit sind die Sterne entfernt?

Die Sterne sind so weit entfernt, dass das Entfernungsmaß „Kilometer" sehr unpraktisch wird: Schon der allernächste Stern ist von unserer Sonne 43 000 000 000 000 Kilometer entfernt – das sind 43 Billionen, also 43 000 Milliarden Kilometer.

Die Entfernungen im Weltall sind für uns unvorstellbar groß.

Die Astronomen nutzen für solche völlig unvorstellbaren Entfernungen daher ein anderes Maß: das Lichtjahr. Das ist keine Zeitangabe, sondern ein Entfernungsmaß. Es entspricht der Strecke, für die selbst das schnelle Licht ein volles Jahr braucht – knapp 10 Billionen Kilometer. Der nächste Stern ist also etwa 4,3 Lichtjahre entfernt.

Im Vergleich zur Größe des Alls ist das allerdings nächste Nachbarschaft. Der Sirius, der am Winterhimmel strahlt, ist schon 8,7 Lichtjahre weit weg, der Polarstern 300, der helle Stern Deneb sogar 1 800 Lichtjahre. Und mit großen Fernrohren kann man Sterne sehen, die viele Millionen Lichtjahre entfernt sind.

Warum leuchten nicht alle Sterne gleich hell?

Das hat zwei Gründe. Zum einen sind die Sterne sehr unterschiedlich weit weg. Zum anderen unterscheiden sie sich auch sehr stark in ihrer wirklichen Leuchtkraft. Diese hängt zum Teil von ihrer Masse ab, aber auch von der Oberflächentemperatur. Die Größe der Sterne variiert zudem stark. Manche Sterne sind weit kleiner als unsere Sonne. Dann gibt es Sterne, die deutlich größer und massereicher als unsere Sonne sind.

Die Astronomen geben die Helligkeit eines Sterns am Himmel in so genannten „Größenklassen“ an, abgekürzt *m* wie magnitudo (lateinisch; Größe). Je kleiner die Größenklasse, desto heller ist der Stern. Mit bloßem Auge sind gerade noch Sterne der 6. Größenklasse sichtbar. Ein kleines Fernrohr zeigt Sterne bis etwa zur 10. oder 12. Größenklasse, die fürs bloße Auge also nicht mehr sichtbar sind. Mit großen Fernrohren und empfindlichen Lichtsensoren können wir selbst noch Sterne der 27. Größenklasse erkennen.

Was sind Sternbilder?

Viele helle Sterne stehen am Himmel in mehr oder weniger auffälligen Gruppen zusammen. Die Menschen benannten schon vor Jahrtausenden Sternengruppen nach Göttern, Tieren oder Sagenhelden. Vielleicht glaubten sie damals, dass diese Wesen als Sterne an den Himmel gebannt sind. Fast jedes Volk sieht andere Wesen in den Sterngruppen. Wir haben die Sternbildnamen der alten Griechen und Römer übernommen, etwa den großen Jäger „Orion" und den „Großen Bären". Insgesamt haben die Astronomen heute den Sternhimmel in 88 Sternbilder aufgeteilt. Das wohl bekannteste unserer Sternbilder ist gar keines: Der „Große Wagen" ist nur ein Teil des größeren Sternbilds „Großer Bär".

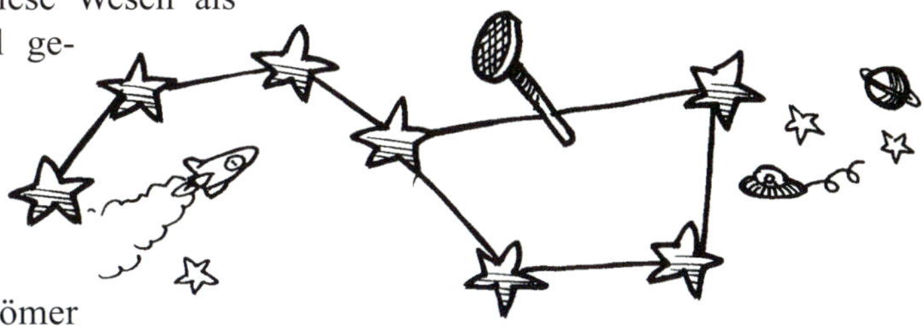

Die Sternbilder verändern sich im Lauf der Zeit. Die einzelnen Sterne bewegen sich zwar von uns aus gesehen wegen der riesigen Entfernung sehr langsam, aber über Jahrtausende kann man diese Bewegung feststellen. Unsere Zeichnung zeigt, wie die Neandertaler vor 50 000 Jahren den Großen Wagen sahen, und wie er unseren Nachfahren in 50 000 Jahren erscheint.

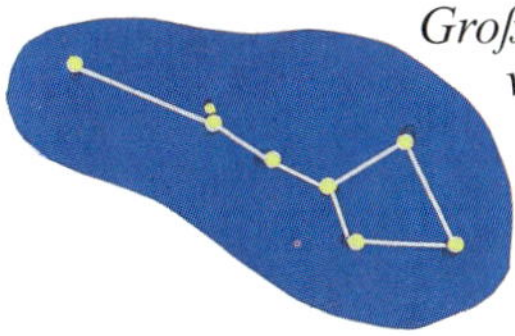

Großer Wagen vor 50 000 Jahren

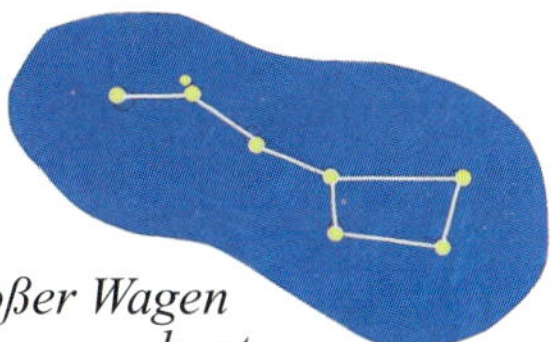

Großer Wagen heute

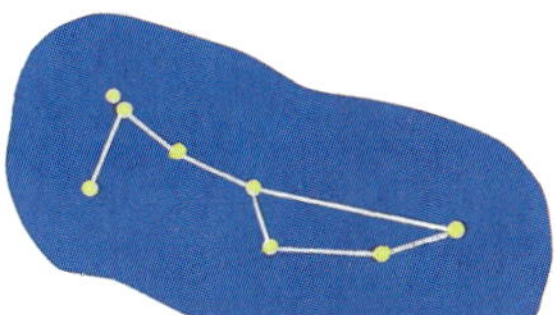

Großer Wagen in 50 000 Jahren

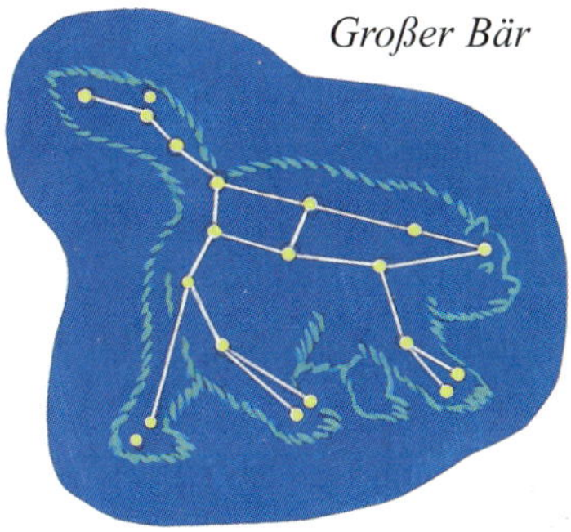

Großer Bär

Warum sehen wir immer andere Sternbilder am Himmel?

Vergleiche einmal den Anblick des Sternhimmels im Frühling, Sommer, Herbst und Winter. Immer stehen andere Sternbilder am Himmel. Grund für diesen Wechsel sind die Bewegungen der Erde: die tägliche Umdrehung und ihr Umlauf um die Sonne. Der Nachthimmel zeigt ja stets den Teil des uns umgebenden Sternhimmels, der gerade in Gegenrichtung zur Sonne steht.

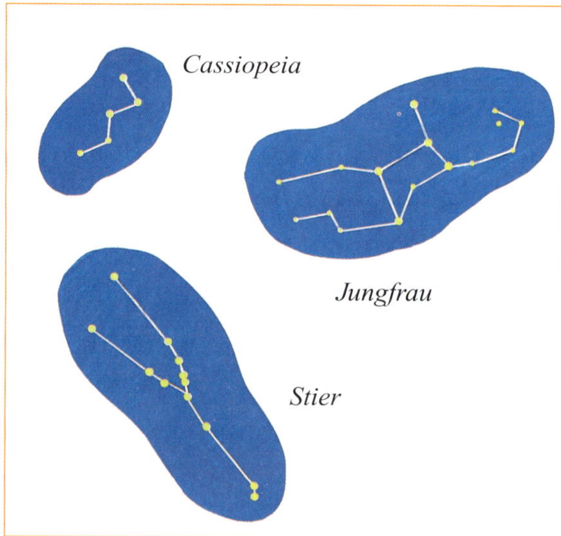

Den abendlichen Winterhimmel dominiert zum Beispiel das große Sternbild „Orion“. Links unter ihm sieht man den hellen Stern Sirius blinken; er gehört zum Sternbild „Großer Hund“. Am Frühlingshimmel fallen besonders die „Jungfrau“, der „Löwe“ und der „Bootes“ (Bärentreiber) auf. Den Sommerhimmel schmückt unter anderem das „Sommerdreieck“ aus den Sternbildern „Schwan“, „Adler“ und „Leier“ (mit dem hellen Stern Wega). Am Herbsthimmel sind die „Andromeda“, das große Herbstviereck „Pegasus“ und der „Perseus“ zu sehen.

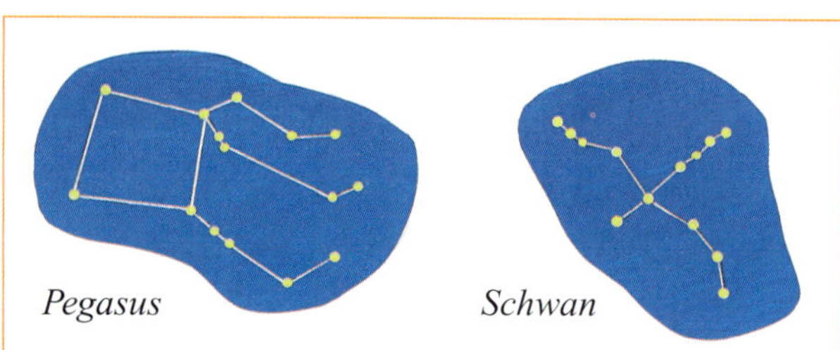

Einige Sternbilder, die nahe des Himmelsnordpols sind, kann man sogar das ganze Jahr über sehen, wenn auch in unterschiedlicher Stellung am Himmel. Dazu gehört insbesondere der

„Große Bär" mit dem „Großen Wagen" und das „Himmels-W", das wegen seiner W-Form so genannte Sternbild „Cassiopeia".

Viele helle Sterne tragen ungewöhnliche Namen, etwa Algol, Beteigeuze, Deneb oder Wega. Diese Namen stammen aus der arabischen Sprache, denn im Mittelalter gab es große arabische Astronomen, deren Sternkarten von den europäischen Gelehrten übernommen wurden. Andere Sternennamen wie Antares, Mira, Procyon und Sirius stammen aus der griechischen oder lateinischen Sprache.

Sieht man von der ganzen Erde aus die gleichen Sternbilder?

Selbst wenn man das ganze Jahr über beobachtet, erblickt man von einem Standort aus nur einen Teil aller Sternbilder. Von Mitteleuropa aus ist nur der nördliche Sternhimmel zu sehen. Fährt man nach Süden, tauchen neue Sternbilder auf. Reist man immer weiter in den Süden, steigen sie immer höher am Himmel, während die Bilder des Nordsternhimmels nach und nach am nördlichen Horizont versinken. Die ersten Bilder, die verschwinden, sind natürlich die Sternbilder nahe des Himmelsnordpols, zum Beispiel der „Große Wagen". Ist man erst weit südlich des Äquators, erkennt man fast nur noch die Sternbilder des Südhimmels. Dort gibt es besonders viele helle Sterne und prächtig leuchtende Sternbilder wie den „Zentauren". Zu ihm gehört das berühmte „Kreuz des Südens", vier nahe und kreuzartig beieinander stehende Sterne.

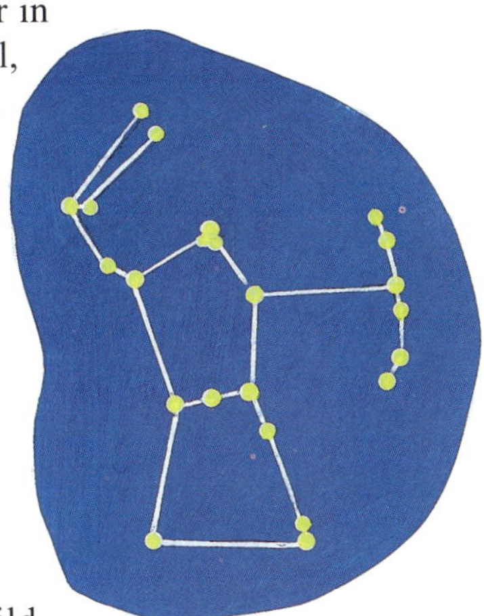

Orion

Besonders hilfreich ist das auffällige Sternbild „Orion": Es ist sowohl von der Nord- als auch von der Südhalbkugel aus zu sehen, weil es nahe des Himmelsäquators liegt; darunter versteht man die Grenze zwischen Nord- und Südhimmel.

Was ist die Milchstraße?

Viele Großstadtbewohner haben es nie gesehen: ein schwach leuchtendes Band, dass sich in dunklen Nächten über den Himmel zieht. Lange hat man gerätselt, was das ist. Die alten Griechen glaubten, das sei von Göttern verspritzte Milch, daher der Name. Heute wissen wir, dass es eine gewaltige Ansammlung von Sternen ist, zu der auch unsere Sonne gehört. Über 100 000 Millionen Sterne stehen hier beieinander.

Gemeinsam bilden sie eine linsenförmige, langsam rotierende Scheibe mit einem Durchmesser von rund 100 000 Lichtjahren. Könnte man von oben auf dieses gewaltige Feuerrad schauen, würde man mehrere helle Streifen sehen, die sich spiralförmig ums Zentrum winden. Diese „Spiralarme“ bestehen aus jungen, besonders hellen Sternen. Unsere Sonne steht ungefähr auf halbem Weg zwischen Zentrum und Rand.

Gibt es noch andere Milchstraßen?

Als die Astronomen vor wenigen Jahrzehnten begannen, mit Fernrohren den Himmel zu durchmustern, entdeckten sie nicht nur eine Unzahl von Einzelsternen, sondern auch zahlreiche weitere Milchstraßensysteme. Sie werden mit dem Fachwort „Galaxien“ bezeichnet. Manche davon sehen ähnlich aus wie unsere Milchstraße von außen – zu ihnen gehört

Unser Milchstraßensystem von der Seite...

etwa unsere Nachbargalaxie Andromedanebel, die 2,3 Millionen Lichtjahre entfernt ist. Heute kennt man über 3000 Millionen solcher Galaxien. Die Galaxien sind nicht gleichmäßig übers Weltall verteilt. Sie bilden Haufen, die aus Dutzenden bis zu mehreren tausend Galaxien bestehen. Und jeweils zahlreiche dieser Galaxienhaufen bilden „Superhaufen“. Insgesamt scheinen die Galaxien im All eine Art riesige Blasenstruktur zu bilden, vergleichbar dem Seifenschaum: Die Galaxien sitzen dabei entlang der „Seifenblasenhäutchen“, die jeweils hunderte von Millionen Lichtjahre messen; diese umschließen gewaltige, fast sternleere Räume.

...und von oben

Niemand kann sich solche Entfernungen vorstellen. Selbst die Zahl der existierenden Galaxien ist völlig unvorstellbar, zumal man vermutlich noch längst nicht alle kennt. Und jede der Galaxien besteht aus Milliarden von Sternen.

Gibt es im Weltall nur Sterne und Planeten?

Durch Fernrohre, Radioteleskope und Forschungssatelliten zeichnete sich ein aufregendes Bild des Weltalls ab. Mithilfe dieser Geräte wurden zum Beispiel gewaltige Nebel aus Gasen und Staub entdeckt. An manchen Stellen ballen sich diese Nebel zusammen und bilden neue Sterne und Planeten. Andere, ringförmige Nebel stammen von explodierten Sternen.

Der Adlernebel: eine Geburtsstätte neuer Sterne

Es gibt Sterne, die zwar die Masse der Sonne haben, aber nur den Durchmesser eines Planeten. Sie bestehen aus zusammengepresster Materie, von der ein Teelöffel voll auf der Erde Milliarden von Tonnen wiegen würde. Diese „Pulsare" rotieren mehrmals pro Sekunde und senden Licht- und Radiowellenblitze aus.

Noch seltsamer sind die „Schwarzen Löcher": Sie entstehen aus Sternen, die unter ihrer eigenen Schwerkraft fast bis zur Größe eines Punktes zusammenfallen. Nun ist ihre Schwerkraft so gewaltig, dass sie selbst Lichtstrahlen festhalten können. Es scheint im Weltall auch Schwarze Löcher zu geben, die eine Masse von Millionen Sonnen besitzen und sich in den Zentren der Galaxien befinden.

Der Nachthimmel erscheint uns rein schwarz-weiß. Das liegt allein an der zu geringen Empfindlichkeit unserer Augen für farbiges Licht. In Wirklichkeit leuchtet das All in prächtigen Farben. Vor allem die großen Gasnebel strahlen in leuchtenden roten, grünen und blauen Farbtönen, wenn man sie mit Farbfilm fotografiert, weil die Gase in ähnlicher Weise farbiges Licht aussenden wie die Gase in Neonröhren.

Gibt es nur auf der Erde Leben?

Bis heute haben wir keinen Beweis für außerirdisches Leben – zum großen Bedauern nicht zuletzt vieler Wissenschaftler. Bisher ließen sich alle halbwegs ernst zu nehmenden Ufo-Sichtungen auf Irrtümer zurückführen. Untersuchungen des Sternenlichts konnten aber zeigen, dass es überall im Universum die gleichen chemischen Elemente gibt wie auf der Erde, und dass auch überall offenbar die gleichen Naturgesetze gelten.

Angesichts der fast unendlichen Zahl von Sternen im All wäre es daher sehr ungewöhnlich, wenn sich nur auf einem sehr durchschnittlichen Planeten bei einer sehr durchschnittlichen Sonne Leben entwickelt haben sollte und sonst nirgends. Zumal man seit einigen Jahren auch bei fernen Sternen Planeten nachweisen kann.

Eine Verständigung von Zivilisation zu Zivilisation wäre aber sehr schwierig. Das liegt auch an den unermesslichen Weiten des Alls – der Abstand kann Hunderte von Lichtjahren betragen. Jedes Signal wäre daher Hunderte von Jahren unterwegs und würde zudem auf seinem Weg immer schwächer werden.

Regen

So lästig Landregen oder Gewitterschauer bei einer Wanderung sind – sie bringen uns lebensnotwendiges Wasser. Doch woher kommt das Wasser in den Wolken, das dann in dicken Tropfen herunterfällt?

Wie entstehen Wolken?

An der Erdoberfläche verdunstet Wasser aus Ozeanen, Seen, Flüssen und Pfützen. Es steigt als feuchte Luft empor, die das Wasser als unsichtbaren Wasserdampf enthält, und wird mit zunehmender Höhe immer kühler: Im Durchschnitt kühlt es ein Grad pro 100 Meter ab. In einer bestimmten Höhe ist die Temperatur der Luft so niedrig, dass sie nicht mehr so viel Wasserdampf gelöst halten kann. Denn kühle Luft kann viel weniger Wasserdampf gelöst halten als warme – ähnlich wie warmes Wasser viel mehr Zucker löst als kaltes. Der überschüssige Wasserdampf kondensiert: Er bildet winzige Wassertröpfchen. In noch größeren Höhen bilden sich sogar feine Eiskristalle. Und diese vom Wind gezausten und getriebenen Gebilde aus Wassertröpfchen und Eiskristallen sind die Wolken.

Cumuluswolke

Haben Wolken verschiedene Bezeichnungen?

Die vielen unterschiedlichen Arten von Wolken lassen sich in vier Gruppen zusammenfassen: Die zarten Schleier aus Eisnadeln etwa, die viele Kilometer hoch über uns schweben, nennt man Cirruswolken. Die dicken grauweißen Haufen hingegen heißen Cumuluswolken. Bilden die Wolken jedoch eine dichte graue Schicht über den ganzen Himmel, spricht man von Stratuswolken. Und Wolken, die das Wort „Nimbus" im Namen tragen, bringen Niederschlag, also Regen oder Schnee.

Diese Bezeichnungen lassen sich kombinieren. Wachsen zum Beispiel die einzelnen „Haarbüschel" von Cirruswolken zu einem hohen Schleier zusammen, spricht man von Cirrostratus. Die gleichmäßige graue Schicht, aus der anhaltender Regen fällt, heißt Nimbostratus. Und eine Wolke, die blumenkohlartig in die Höhe wächst und sich oben zu einem „Amboss" verbreitert, heißt Cumulonimbus – sie ist Vorbote von kräftigem Regen und meist auch Gewitter.

Selbst Wüsten sind nicht ganz trocken. Den Trockenheitsrekord hält die Atacama-Wüste in Chile an der Westküste Südamerikas. Dort fällt im Durchschnitt pro Jahr weniger als 100 Milliliter Feuchtigkeit auf den Quadratmeter – mitunter kommt auch jahrelang kein Tropfen vom wolkenlosen Himmel. In vielen Wüsten dagegen fällt bisweilen für kurze Zeit heftiger Regen. Er sickert in den Boden ein, und dann keimen plötzlich binnen weniger Tage zahlreiche Samen auf, die dort jahrelang gewartet haben: Die Wüste blüht für kurze Zeit auf.

Wo regnet es am meisten?

Man sagt scherzhaft, dass die Menschen in Hamburg mit einem Regenschirm in der Hand geboren werden. In München fällt jedoch im Jahr mehr Regen vom Himmel als in Hamburg. Das ist aber weltweit gesehen noch gar nichts: In bestimmten Regionen Indiens hat man in einem Jahr über 20-mal so viel Regen wie in Hamburg gemessen. Und den Rekord mit den meisten Regentagen und der insgesamt größten Regenmenge hält der Berg Mount Waialeale auf der Hawaii-Insel Kaui – in 350 Regentagen fallen dort über 11 000 Liter pro Quadratmeter.

München

Warum regnet es?

Die kleinen Wassertröpfchen mancher Wolken lagern sich mitunter zu größeren Tropfen zusammen, die dann als Regen herunterfallen. Das ist aber bei uns selten. Häufiger bildet sich Regen ganz anders: Aufwinde tragen die Tröpfchen in größere Höhen. Dort gefrieren sie zu winzigen Eiskristallen. Der Wasserdampf, der auch noch in der Wolkenluft steckt, schlägt sich nach und nach als dünne Eisschicht auf dem Eiskristall nieder. Die Kristalle wachsen rasch an und sind schließlich so groß, dass die in den Wolken wehenden Winde sie nicht mehr tragen können: Die Eiskristalle fallen zur Erde hinab. Während des Falls aber durchqueren sie wärmere Luftschichten, schmelzen und kommen als Regentropfen auf der Erde an.

Tropischer Regen

Regentropfen werden meist in der typischen „Tropfenform" gezeichnet, also dick und rund und spitz auslaufend. Aber so sehen fallende Regentropfen in Wirklichkeit gar nicht aus. Sie sind fast vollkommene Kugeln. Nur die dicksten Tropfen sind wegen des Luftwiderstands leicht abgeplattet.

Was geschieht mit dem Wasser, wenn es auf die Erde fällt?

Es gibt eine grobe Faustregel dafür: Etwa ein Drittel des Wassers verdampft gleich wieder. Ein weiteres Drittel fließt ab und speist Rinnsale, Bäche und Flüsse. Und das letzte Drittel schließlich versickert. Es rieselt durch Risse und Poren des Erdbodens, bis es schließlich auf eine wasserundurchlässige Bodenschicht trifft. Über dieser Schicht sammelt sich das Wasser. Man nennt dieses unterirdische Wasser Grundwasser. Meist ist diese Grundwasserschicht nur einige Meter dick; sie reicht selten bis zur Erdoberfläche. Die Obergrenze des Grundwassers nennt man Grundwasserspiegel.

Vielfach liegen sogar mehrere Grundwasserschichten übereinander. Die Wasserwerke bohren dann gern ihre Brunnen bis in tiefere Schichten. Denn dort unten ist das Grundwasser sauberer als nahe der Oberfläche, wo oft landwirtschaftliche Schadstoffe (Dünger, Chemikalien) eingesickert sind.

Der Kreislauf des Wassers

Gibt es irgendwann kein Wasser mehr?

Die Erde besitzt ungeheure Wassermengen. Aber das Süßwasser wird vielfach knapp. Denn 97 Prozent des irdischen Wassers füllen als nicht trinkbares Salzwasser die Meere. Weitere 2 Prozent sind in Gletschern und Eisbergen gebunden. Weniger als 1 Prozent steht uns als Süßwasser in Seen und Flüssen sowie als Grundwasser zur Verfügung.

Die Süßwassermenge ist je nach Region der Erde höchst unterschiedlich. Außerdem nimmt die Erdbevölkerung in großem Tempo zu. Alle Menschen müssen trinken, daher wird der Süßwasserverbrauch immer höher. Das Wasser wird aber nicht nur zum Trinken benötigt. Eine weit größere Menge wird zum künstlichen Bewässern landwirtschaftlicher Flächen und zum Teil auch für die Industrie verwendet. Daher wird in regenarmen Gebieten sauberes Süßwasser tatsächlich immer knapper.

Zu den für das Grundwasser besonders gefährlichen Stoffen zählen Öl und Nitrate. Ein auslaufender Öltank kann Millionen Liter Grundwasser unbrauchbar machen. Nitrate werden als Stickstoffdünger in der Landwirtschaft benutzt und sind auch in Jauche und Gülle enthalten. Sie sind sehr gut wasserlöslich und wandern daher rasch durch den Erdboden.

Was ist Tau?

Je wärmer Luft ist, desto mehr Wasserdampf kann sie aufnehmen. Kühlt feuchte Luft ab, kann sie nicht mehr den gesamten Wasserdampf behalten. Dann bilden sich unzählige feine Wassertröpfchen. Man nennt das: der Wasserdampf „konsensiert“. Die Tröpfchen bilden sich vorzugsweise an Blättern oder Gras, weil die noch etwas rascher auskühlen als die Luft.

Außerdem brauchen die sich ausscheidenden Tröpfchen Ansatzpunkte, an denen sie sich bilden – in völlig reiner Luft können sie das nicht.

Wenn ein Glas kühle Limonade außen beschlägt oder wenn man gegen eine kalte Fensterscheibe haucht, bis sie sich trübt, ist das nichts anderes als Taubildung: Die Feuchtigkeit der Luft kondensiert an der kalten Glasoberfläche zu feinen Tröpfchen.

Wie bildet sich Nebel?

Nebel entsteht, wenn sich feuchte Luft abkühlt und immer weniger Wasserdampf behalten kann. Der überschüssige Wasserdampf formt dann feine Tröpfchen. Und Nebel ist eine Wolke solcher Tröpfchen nahe der Erdoberfläche. An kalten Tagen bildet sich auf diese Weise auch vor dem Mund ein weißes Wölkchen, wenn die Feuchtigkeit der ausgeatmeten Luft kondensiert.

Wolken und Nebel sind sich sehr ähnlich: Nebel ist eine Wolke, die nahe dem Erdboden liegt.

Häufig bildet sich Nebel, wenn nachts der Erdboden und dadurch auch die feuchte Luft nahe des Bodens abkühlt. Das geschieht besonders im Herbst, wenn es oft regnet. Dann verdunstet die Sonne tagsüber viel Wasser vom Erdboden, die Nächte aber sind schon recht kühl.

Schnee und Eis

Leise rieseln die Schneeflocken vom Himmel, zart und zerbrechlich. Doch wenn sich Schneemassen zu dickem Gletschereis vereinen, können sie ganze Landschaften verändern.

Wie entstehen Schneeflocken?

Schneekristalle bilden sich ähnlich wie Regen hoch oben in einer Wolke in Luftschichten, deren Temperatur unterhalb des Schmelzpunktes von Eis liegt. Meist entstehen aus gefrierenden Wassertröpfchen der Wolken zunächst winzige Eisplättchen. Während sie durch die Wolke schweben, setzt sich darauf immer mehr Wasserdampf in Form von Eis ab. Bei tiefen Temperaturen werden die Eisplättchen größer, bei etwas höheren bilden sich Nadeln an ihnen – die Schneesterne entstehen. Haben sie eine entsprechende Größe erreicht oder lässt der Wind in der Wolke nach, rieseln sie zu Boden.

Jede Schneeflocke ist etwas anders geformt. Meist sehen sie aus wie kleine Sterne aus Eis mit sechs Strahlen, von denen oft kleinere Verzweigungen abgehen. In großen Schneeflocken haben sich mehrere solcher Sterne verhakt.

Warum ist Schnee so leicht?

Weil frisch gefallener Schnee vor allem aus Luft besteht. Die Schneeflocken verhaken sich mit ihren Sternstrahlen und bilden so eine Art Netz mit großen Zwischenräumen. Deshalb besteht eine Hand voll frischem Schnee zu neun Zehnteln aus Luft, nur ein Zehntel ist Eis.

Eine Schneedecke schützt den darunter liegenden Boden und seine Tiere und Pflanzen gut gegen kalte Frostluft. Mit der Zeit aber taut der Schnee oberflächlich, die feinen Sternnadeln verschwinden, dafür bilden sich dichtere Eisbrücken und kugelige Eisgebilde. Der Schnee ist dann nicht mehr weich und leicht, sondern hart. Man nennt das: er „verharscht“.

Wie bildet sich Raureif?

Nicht, indem Tautröpfchen einfach gefrieren. Vielmehr kondensiert sich der Wasserdampf an den kältesten Stellen, zum Beispiel an Zäunen, Gräsern oder Stängeln, direkt in Form von Eisnadeln. Weiterer Wasserdampf setzt sich dann bei zunehmender Abkühlung bevorzugt auf die Eisnadeln und lässt sie dadurch wachsen. So können Nadeln, zarte Federn oder verwegen geformte Gebilde von mehreren Zentimetern Länge entstehen – besonders bei Wind an frei stehenden Hindernissen.

An diesen Gebilden lässt sich sehr deutlich erkennen, dass die dem Wind zugewandte Seite immer am kühlsten ist: Die Eisnadeln wachsen nicht an der dem Wind abgewandten Seite; vielmehr wachsen sie dem Wind entgegen.

In großen Gewitterwolken bilden sich Hagelkörner. Dort blasen die mächtigen Winde die kleinen Eiskristalle, die sich dort bilden, ständig auf und ab. Sie passieren dabei immer wieder Zonen feuchter Luft. Dabei setzen sich immer neue Eisschichten auf ihnen ab. Bis schließlich die Eiskörner so schwer sind, dass selbst der stärkste Wind sie nicht mehr emporschleudern kann. Dann fallen sie zu Boden. Das schwerste bekannte Hagelkorn wog immerhin rund 760 Gramm.

Donnernd rauscht eine gewaltige Lawine zu Tal.

Warum sind Lawinen so gefährlich?

Lawinen bilden sich an Hängen mit einer Neigungen von 28 bis 50 Grad. Ist der Hang flacher, kommt der Schnee kaum ins Rutschen. Ist er steiler, rutscht frisch gefallener Schnee gleich in kleinen Paketen ungefährlich ab. Wenn im Frühjahr einsickerndes Schmelzwasser eine Rutschbahn für den dann besonders nassen und schweren Schnee bildet, ist die Lawinengefahr groß. Es reicht ein Skifahrer oder auch ein fallender Eiszapfen, um plötzlich eine größere Schneemasse in Bewegung zu setzen. Rasch wird sie immer schneller, ein Tempo von über 100 Kilometern pro Stunde ist nicht ungewöhnlich. An Hängen mit Neigungen über 40 Grad bilden sich oft sogar „Staublawinen" aus Schnee und Luft, die auf einer Art Luftkissen abwärts rasen und ein Tempo von über 350 Stundenkilometern erreichen können. Nicht selten fallen Tiere, Wanderer oder Skifahrer den Schneemassen zum Opfer. Sie werden mitgerissen oder in meterhohem Schnee verschüttet, wo sie binnen kurzer Zeit ersticken. Der Schnee ist selbst in wenigen Metern Tiefe so fest, dass man sich kaum bewegen, geschweige denn selbst an die Oberfläche graben kann.

Was ist ein Gletscher?

Ein gewaltiger Strom aus Eis. Der größte Alpengletscher, der Aletschgletscher in den Berner Alpen, ist rund 100 Kilometer lang und über 25 Kilometer breit.

Gletscher bilden sich meist dann, wenn im Winter mehr Schnee fällt als im Sommer abtaut. Dann lagern sich die Schneeschichten übereinander und werden immer dicker – viele Dutzend Meter. Im unteren Bereich des Gletschers presst das gewaltige Gewicht die Luft aus dem Schnee; es bildet sich blauweißes Eis. Und ganz unten schmilzt dieses Eis unter dem Druck und bildet eine dünne Wasserschicht, die als Gleitmittel wirkt: Das Eis setzt sich talwärts in Bewegung, mit einem Tempo von einigen Dezimetern bis Metern pro Tag. Den oberen Teil eines Gletschers nennt man Nährgebiet, denn hier sammelt sich der Schneeüberschuss. Weiter unten ist das Zehrgebiet, wo das Eis zum Teil schmilzt; das Schmelzwasser kommt als glasklarer, eiskalter Bach am tiefsten Punkt der Gletscherzunge aus dem gewölbten „Gletschertor“ heraus. Die Rhône etwa entspringt im Gletschertor des Rhône-Gletschers in der Schweiz.

Eis ist spöde und brüchig. Bewegt sich der Eisstrom über eine Geländestufe oder ein großes Hindernis, reißt daher die Oberfläche auf, und es bilden sich metertiefe „Gletscherspalten“. Wenn sie im Winter von Schnee bedeckt und fast unsichtbar sind, stellen sie für Gletscherwanderer eine tödliche Gefahr dar.

Wie verändern Gletscher die Landschaft?

Mit einem Gewicht von Millionen von Tonnen lastet das Eis eines Gletschers auf dem darunter liegenden Gestein, zerdrückt Felsen und reißt bei dem ständigen Auftauen und Wiedergefrieren an der Gletschersohle oft tonnenschwere Brocken vom Untergrund los. Dieser dichte Steinbesatz wirkt auf die Felsen, über die das Eisreptil gleitet, wie ein gewaltiger Hobel. Pro Jahr können dabei selbst von hartem Gestein ein bis zwei Millimeter abgefräst werden. Kein Wunder, dass Gletscher zu den mächtigsten Formern der Erdoberfläche gehören.

Zwängt sich ein Gletscher durch Täler, reißt er auch an seinen Seiten Gestein los. Man erkennt ein Gletschertal leicht an seinem U-förmigen Querschnitt – vom Wasser ausgefräste Täler haben dagegen eher eine V-Form. Schaut man von oben auf einen Gletscher, sind die losgerissenen Felsen als dunkles Band zu beiden Seiten sichtbar. Schmilzt das Eis, lagert sich das mitgeführte Gestein als „Moräne“ entlang der alten Gletscherbahn ab.

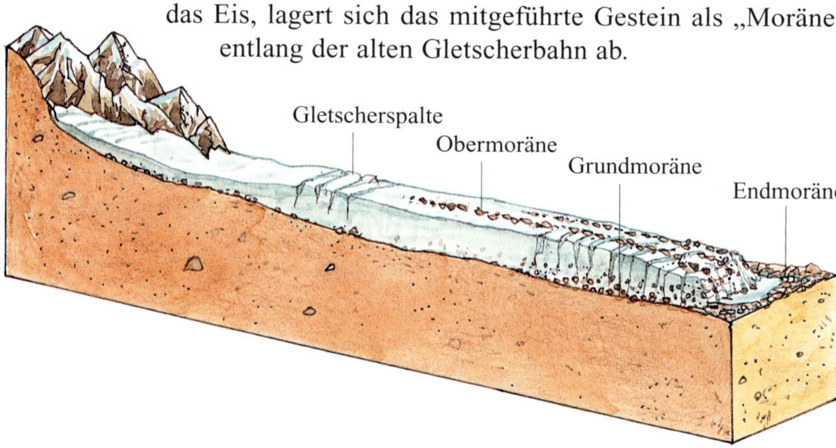

Was sind Eisberge?

Gewaltige Eisbrocken, die in polarnahen Gebieten im Meer schwimmen – in wärmerem Wasser schmelzen sie. Es gibt aber große Unterschiede zwischen den Eisbergen im Nordpolargebiet und denen in der Antarktis. Die nördlichen Eisberge sehen tatsächlich aus wie „Berge“ aus Eis. Sie können bis zu 100 Meter aus dem Wasser ragen und mehrere Millionen Tonnen schwer sein.

Weil Eis 10 Prozent leichter ist als flüssiges Wasser, ragt nur etwa ein Zehntel des Eisbergs aus dem Meer, aber neun Zehntel bleiben unter der Oberfläche. Die meisten Eisberge im Nordatlantik stammen aus Grönland. Dort erreichen manche Gletscher direkt das Meer. Während sich der Eisstrom langsam vorwärts schiebt, brechen an der Wassergrenze immer wieder unter gewaltigem Getöse große Brocken ab, donnern ins hoch aufspritzende Wasser und treiben als Eisberge davon. Man nennt das „der Gletscher kalbt“.

Ganz anders sehen die antarktischen Eisberge aus. Es sind flache Eisschollen von zum Teil gigantischen Ausmaßen: Über Satellit wurden schon Eisberge beobachtet, die größer als das Saarland waren. Diese Eisberge entstehen nicht aus Gletschern, sondern brechen vom Schelfeis ab, einer gewaltigen Masse schwimmenden Eises rund um Antarktika.

Für Schiffe im Nordatlantik stellen Eisberge eine tödliche Gefahr dar. In der Dunkelheit sind sie nicht zu sehen, und unter Wasser sind sie außerdem weit größer als oben. Das berühmteste Eisberg-Unglück ist der Untergang der „Titanic“ 1912, bei dem über 1500 Menschen im eiskalten Wasser ertranken. Heute werden alle Eisberge ständig per Satellit und mit Radargeräten an Bord von Patrouillenflugzeugen registriert, ihre Bahn verfolgt und Schiffe rechtzeitig gewarnt.

Was war die Eiszeit?

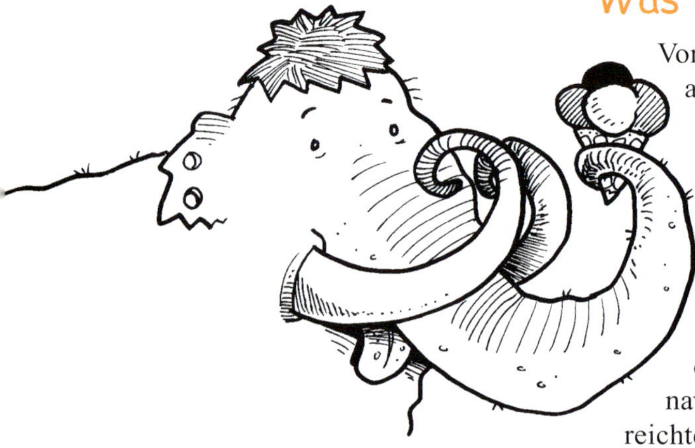

Vor 10 000 Jahren lagen Nordamerika, Nordeuropa und die Alpen unter einer gewaltigen Masse von Eis begraben. Die Eisschicht war Milliarden von Tonnen schwer und bis zu 3 000 Meter dick. Sie stammte von den Gletschern Skandinaviens. In Norddeutschland reichten die Gletscher fast bis zum Harz.

Ursache dieser weltweiten Vereisungen sind die Schwankungen der Erdumlaufbahn um die Sonne. Dadurch sinkt die Durchschnittstemperatur auf der Erde zeitweise um einige Grade Celsius ab. In dieser Zeit stoßen die Gletscher dann vor. Zwischendurch gibt es immer wieder wärmere Perioden, die so genannten „Zwischeneiszeiten“ oder „Warmzeiten“. In diesen Zeiten taut das Eis ab.

Zurzeit leben wir in einer solchen Warmzeit inmitten einer Eiszeitperiode – sonst wäre die Erde viel wärmer und hätte auch keine Eiskappen an den Polen. Diese Eiszeitperiode begann vor etwa 2 Millionen Jahren; der (bisher) letzte große Gletschervorstoß setzte vor rund 70 000 Jahren ein.

In der Eiszeit banden die Gletscher so viel Wasser, dass der Meeresspiegel weltweit um etwa 100 Meter niedriger lag als heute. Die Nordsee gab es nicht mehr. An vielen Stellen, an denen heute Boote nötig wären, konnte man damals trockenen Fußes von einem Land ins andere gelangen. Die Bering-Straße zwischen dem eisfreien Sibirien und Alaska wurde so zum Einfallstor für die Erstbesiedlung Amerikas.

Findet man heute noch Spuren der Eiszeit?

Zeugen der Eiszeit gibt es genügend. Zum Beispiel die gewaltigen Felsblöcke („Findlinge"), die in Norddeutschland an vielen Stellen liegen – einst trug das Eis sie über Hunderte von Kilometern dorthin. In Norddeutschland findet man teils über hundert Meter mächtige Schichten aus Sand und Steinen, die von den Gletschern stammen. Sie bestehen aus Moränenschutt, der unterwegs abgerissen und zermahlen wurde; beim Abtauen des Eises blieb er liegen.

An vielen Stellen Europas findet man Knochen der Tiere, die in den kalten, baumlosen Steppengebieten vor den Gletschern lebten – Mammuts, Moschusochsen und Höhlenbären. Auch Menschen lebten hier zu jener Zeit, schützten sich mit Fellen und Feuer vor der Kälte und jagten die Eiszeittiere.

Zu den schönsten eiszeitlichen (der Geologe sagt „glazialen") Hinterlassenschaften zählen die Seen, die sich in den vom Eis ausgeschürften Vertiefungen bildeten – etwa die Großen Seen Nordamerikas, die Seen der Holsteinischen Schweiz und der Masurischen Seenplatte, der Bodensee und die über 800 000 Seen Finnlands.

Mammut-skelett

Flüsse und Seen

Alles Wasser, so sagt man, strebt dem Meer entgegen – als Bächlein, Fluss oder breiter Strom. Doch zwischen Quelle und Mündung passiert so einiges.

Was ist eine Quelle?

Eine Stelle, an der Grundwasser zu Tage tritt. Es gibt viele verschiedene Quelltypen. Eine Hangquelle zum Beispiel bildet sich dort, wo der Hang die Erdschichten öffnet und eine Grundwasser führende Schicht anschneidet. An manchen Stellen sind auch Erdschichten durch Erdbewegungen gegeneinander verschoben, so dass sich das Grundwasser staut und nach oben austritt. Besonders ungewöhnlich sind „artesische Quellen“ in Tälern. Hier ist die Grundwasser führende Schicht zwischen zwei wasserundurchlässigen Schichten nach oben und unten eingeschlossen und reicht bis in die Hänge hinauf. Das Wasser steht daher unter hohem Druck. Bohrt man den Grundwasserleiter nun an, schießt das Grundwasser wegen dieses Überdrucks mit Macht heraus und bildet oft sogar eine Fontäne. Zu den stärksten Quellen überhaupt zählen die Karstquellen. Man findet sie am Rande von Kalkgebieten, etwa an der Schwäbischen Alb. In Kalkgebieten sickert das unterirdische Wasser nicht durch Sand- oder Kiesschichten, sondern fließt relativ ungehindert durch Spalten oder sogar meterbreite Tunnel und Höhlen. Wo sie an die Oberfläche treten, strömt das Wasser nach kräftigen Regenfallen natürlich in mächtiger Schüttung aus dem Boden.

Schuttquelle

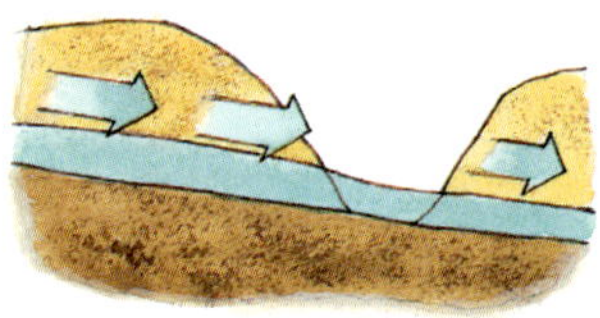

Schichtquelle

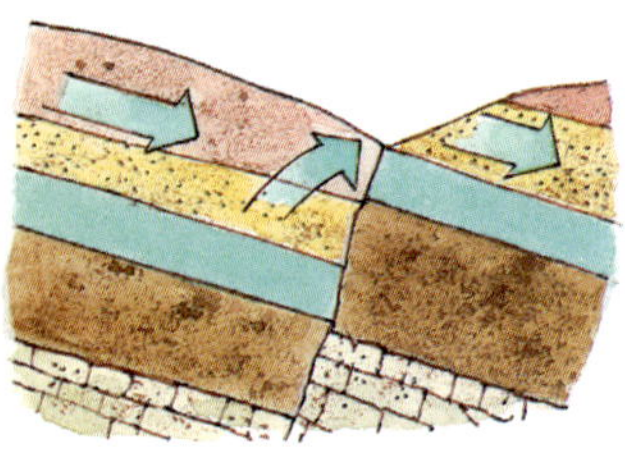

Verwerfungsquelle

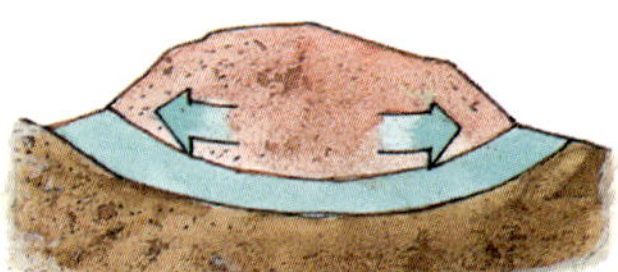

Überlaufquelle

Der weltweit wasserreichste Fluss ist der Amazonas in Südamerika. Durch ihn allein fließt ein Fünftel des gesamten Süßwassers der Erde. Im Atlantik ist das Süßwasser des Amazonas noch 400 Kilometer von seiner Mündung entfernt feststellbar. Und diese Mündung selbst ist gewaltig: Man kann von einem Ufer nicht zum anderen hinüber sehen, denn die Mündung ist 250 Kilometer breit!

Warum fließen Flüsse nicht geradeaus?

Wasser fließt immer dort, wo es abwärts geht. Das ist natürlich selten eine gerade Strecke. Allerdings nagt sich ein schnell fließender Fluss ins Gelände ein und bevorzugt dabei eine ungefähr gerade Richtung. Deshalb sind Bäche und Flüsse im Gebirge oft relativ gerade.

Ganz anders ist es im Flachland. Ein sich selbst überlassener Fluss in einer nur schwach geneigten Ebene „mäandriert“: Er bildet Schleifen und Windungen. Ursache sind auch hier zunächst zufällige Hügelchen und kleine Täler im Gelände. Dann aber kommt die Tätigkeit des fließenden Wassers selbst zum Tragen: An der Innenseite der Schleifen, wo die Strömung etwas geringer ist als an der Außenseite, lagert der Fluss Schlamm und Schutt ab. An der Außenseite dagegen, wo das Wasser mit Kraft gegen das Ufer drückt, nagt es Material weg. Die Folge ist, dass sich eine kleine Schleife ständig vergrößert und sich immer stärker windet. Nicht selten nagt der Fluss schließlich sogar am Fuß der Schleife sein Ufer ganz durch und schneidet die Schleife ab, so dass ein Altarm oder ein gebogener See zurückbleiben.

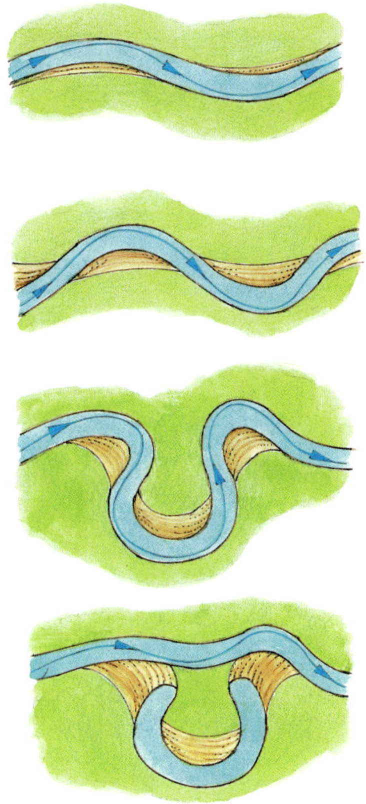

Wenn ein Fluss mäandriert, kann sich ein Altarm bilden.

Wie entsteht ein Wasserfall?

Wenn ein Fluss über eine Stufe im Gelände herabstürzt. Solche Stufen entstehen auf unterschiedliche Art: Erdinnere Kräfte können einen Teil des Landes gesenkt oder gehoben haben; oder der Fluss überschreitet eine Grenze zwischen hartem und weicherem Gestein, wobei er das weichere Gestein schon zum Teil abgetragen und weggeführt hat. Zahlreiche Wasserfälle gibt es im Gebirge, weil sich das Wasser in hoch gelegenen Teilen sammelt und dann in ein Tal hinabstürzt.

In erdgeschichtlichen Zeiträumen sind Wasserfälle sehr kurzlebige Gebilde. Denn sie arbeiten ständig an ihrer eigenen Zerstörung: Das rauschende Wasser gräbt sich immer tiefer ins Gestein ein und führt dabei Material ab. Dadurch weicht der Wasserfall immer weiter in Richtung Quelle zurück. Es kann auch geschehen, dass der Fluss sein Bett mit der Zeit einebnet; dann bilden sich aus einem Wasserfall eine Reihe von kleinen Kaskaden oder Stromschnellen.

Der höchste Wasserfall der Erde ist der Angelfall, der von einer Hochebene in Venezuela 979 Meter tief hinabstürzt. Die größte Wassermenge führt der Boyoma in Zaire. Mächtigster Wasserfall Mitteleuropas ist der nur 19 Meter hohe Rheinfall bei Schaffhausen.

Wie bilden sich Seen?

Es gibt zahlreiche Möglichkeiten, wie Seen entstehen können. Gemeinsam ist allen Seentypen, dass sie in einer Vertiefung des Geländes liegen. Aber die kann sehr unterschiedlich entstanden sein.

Die meisten Seen, wie die Karseen, gehen auf die Gletscher der Eiszeit zurück. Diese gewaltigen Hobel haben das Gelände abgeschürft und dabei viele Vertiefungen hinterlassen, die sich dann mit Wasser füllten. Manchmal wurde auch Eis in den Untergrund gedrückt; schmolz es später, blieb ein Loch zurück. Oder der von den Gletschern mitgebrachte Schutt, der beim Abschmelzen als „Moräne“ liegen blieb, bildet Geländewälle mit Vertiefungen. Die vielen Seen Skandinaviens und Nordamerikas (Große Seen) sowie die Alpenseen (Bodensee, Genfer See) sind Zeugen der Eiszeit.

Ganz anders sind Kraterseen entstanden. Sie haben sich im Krater erloschener Vulkane gebildet, weil das darunter liegende Gestein wenig Wasser versickern lässt. Die Maarseen in der Eifel sind ebenfalls vulkanisch entstanden, es sind aber keine Kraterseen: Sie haben sich in Löchern gebildet, die durch Explosionen entstanden sind – nämlich dann, wenn Grundwasser auf heißes Magma im Untergrund traf und mit Wucht verdampfte.

In manchen Gebieten hat sich durch erdinnere Kräfte die Erdoberfläche abgesenkt und Seen geschaffen, etwa den Titicacasee in Südamerika oder den Aralsee in Russland. Stauseen schließlich haben sich gebildet, wenn ein Erdrutsch ein Tal versperrte und einen Bach am Weiterfließen hinderte.

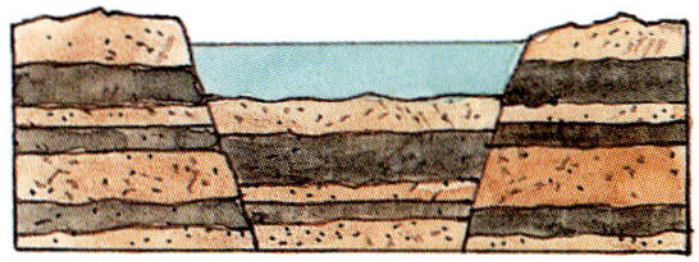

Eingebrochene Erdkruste

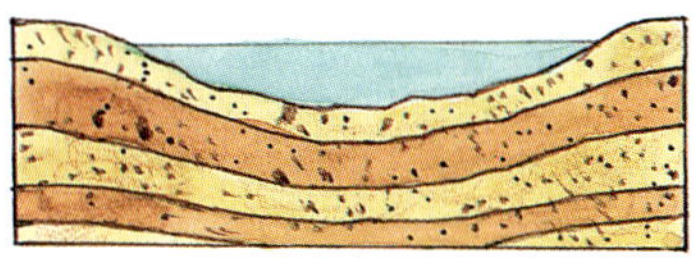

Senkung der Erdkruste

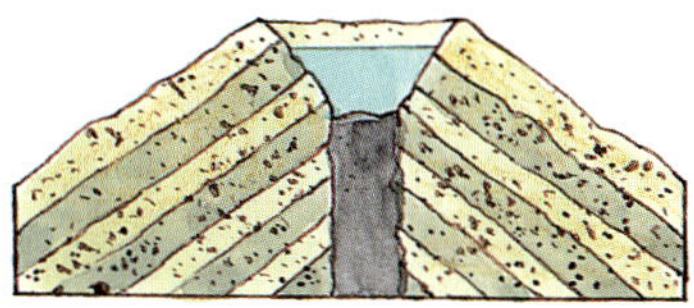

Kratersee

Karsee

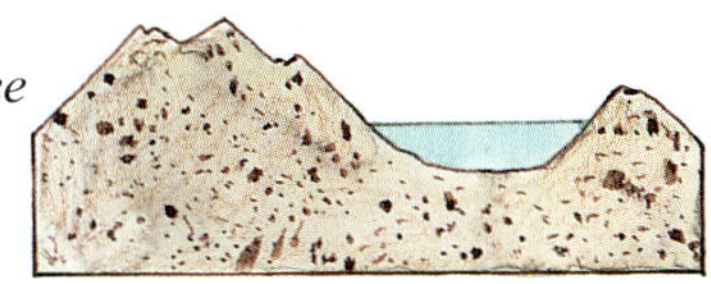

Können Seen wieder verschwinden?

In erdgeschichtlichen Zeiträumen betrachtet existieren Seen nur kurze Zeit. Denn zahlreiche Kräfte arbeiten daran, die Erdoberfläche einzuebnen, also Berge abzutragen und Löcher aufzufüllen. Flache Seen „verlanden“ innerhalb weniger tausend Jahre: Vom Ufer her erobern sich Wasserpflanzen wie Schilf und Algen das Gewässer und füllen es mit ihren Resten sowie mit hineingewehtem Staub auf, so dass sich zunächst ein Moor, dann eine Feuchtwiese und schließlich Wald bildet. Von Flüssen durchströmte Seen werden vor allem von mitgeführtem Schlamm und Sand aufgefüllt, den das Wasser absetzt, wenn es in den See mündet und daher seine Fließgeschwindigkeit abnimmt. Der Bodensee etwa wird in einigen Jahrtausenden vollständig mit Alpenschutt gefüllt sein, den der Rhein heranführt.

In vielen abflusslosen Seebecken hat sich ein Gleichgewicht zwischen Wasserzufluss durch Regen und Flüsse und Wasserverdunstung eingestellt. Ändert sich das Klima und damit langfristig die Niederschlagsmenge, wachsen die Seen oder trocknen ein. Der Tschadsee in Afrika, der Aralsee in Asien und das Tote Meer zwischen Israel und Jordanien zählen zu den zahlreichen Opfern der derzeitigen Klimaerwärmung: Sie haben allein in den letzten Jahren viel Fläche verloren.

Was ist ein Salzsee?

In zahlreichen warmen, niederschlagsarmen Gebieten der Erde haben sich Seen in natürlichen Vertiefungen gebildet. Dort sammelt sich seit langem das Wasser der Niederschläge, aber es fließt nicht ab, sondern verdunstet von der Seeoberfläche. Nun bringen aber die einmündenden Bäche und Flüsse ständig kleine Mengen von Salzen mit, die sie aus den Gesteinen der Umgebung gelöst haben.

Der Salzsee „Pink Lake“
bei Meningie in Austtralien

Das Salz verdunstet nicht und sammelt sich daher im See, der so ständig salzhaltiger wird.

Der berühmteste dieser Salzseen ist das Tote Meer. Nur Bakterien können in seiner braunen, öligen Brühe leben, die mehr als zehnmal so salzig ist wie Meerwasser. Ähnliche Salzseen gibt es in Ostafrika, in Nordamerika (Großer Salzsee) und in Asien (Kaspisches Meer).

Ein besonderes Schicksal erlitt vermutlich das Schwarze Meer: Es war bis vor 7600 Jahren ein eintrocknender Süßwassersee in einem tief gelegenen Becken. Nach der Eiszeit und dem Schmelzen der Gletscher aber stieg der Wasserspiegel der Ozeane um über 100 Meter an. So überflutete das Wasser von Mittelmeer bzw. Marmarameer schließlich am Bosporus das Ufer und bahnte sich einen Weg hinab ins Becken des Schwarzen Meeres. Jahrelang muss dort ein mächtiger Wasserfall gedonnert haben, binnen kurzem lief das Becken voll, und der Süßwassersee wurde zu einem Salzwassermeer.

Wetter, Wind und Stürme

„Alle reden vom Wetter“, hat der Schriftsteller Mark Twain einst geschimpft, „aber keiner tut etwas dagegen.“ Heute sind Wetter und Klima wichtige Forschungsgebiete, die mit Satelliten und Computern untersucht werden. Dabei erforscht man zum Beispiel die derzeitige Klimaerwärmung.

Wer macht das Wetter?

Nicht Petrus, und auch keiner der altgriechischen oder altrömischen Wettergötter. Hauptursache des Wetters ist die Sonne. Sie erwärmt die Luft, so dass diese sich ausdehnt, leichter wird und aufsteigt. Dadurch sinkt am Boden der Luftdruck. Aus umliegenden Gebieten strömt Luft heran, um den niedrigen Druck auszugleichen. Diese Luftströmung nennen wir Wind. Bisweilen entwickeln sich die Luftdruck-Unterschiede so stark, dass der Wind zum Sturm oder zum Wirbelsturm anschwillt. Mehrere großräumige Windsysteme ziehen sich um die Erde, transportieren Wärme von den Tropen in die polnäheren Regionen und sorgen so für ausgeglichene Temperaturen. Außerdem treiben die Winde auch die großen Meeresströmungen, etwa den warmen Golfstrom im Nordatlantik.

Aus den tropischen Ozeanen lässt die Sonnenwärme warme und feuchte Luft aufsteigen. Das Wasser bildet in höheren Luftschichten Wolken und fällt irgendwann wieder als Regen oder Schnee herab und speist so Gletscher, Grundwasser, Flüsse und Seen. So treibt die Sonne den Kreislauf des Wassers, der die Kontinente erst bewohnbar macht.

Unsere Erde weist trotz insgesamt ausgeglichenem Klima bemerkenswerte Wetterextreme auf. Die höchste Temperatur wurde 1922 in Libyen mit 58 Grad Celsius gemessen. Den Kälterekord gab es 1983 mit minus 89 Grad an der russischen Forschungsstation Wostok in der Antarktis. Und an der Nordküste Sibiriens gibt es Gebiete, die im Sommer über 36 Grad warm, im Winter dagegen minus 70 Grad kalt werden. Das ist eine Temperaturspanne von über 100 Grad Celsius!

Was ist der Treibhauseffekt?

In einem Glashaus ist es selbst im Winter wärmer als draußen. Das liegt daran, dass die Sonne zwar hineinstrahlt, die Glaswände aber wenig Wärmestrahlung wieder nach draußen lassen. Ähnlich wirken bestimmte Gase in unserer Lufthülle, vor allem der Wasserdampf: Sie lassen zwar Sonnenstrahlen hindurch, die den Boden und die Luft aufheizen, aber sie hindern die Wärme daran, wieder hinaus in den Weltraum zu strahlen. Ohne diesen „Treibhauseffekt" läge die Durchschnittstemperatur der Erde bei etwa minus 18 Grad Celsius.

Außer dem Wasserdampf wirken auch andere Gase als „Treibhausgase", etwa das Kohlendioxid und einige künstlich hergestellte Gase, die früher in Spraydosen und in Kühlschränken verwendet wurden. Kohlendioxid wird freigesetzt, wenn man Holz, Kohle oder Öl verbrennt. Weil der Mensch das in steigendem Maße tut, nimmt der Anteil dieses Gases in der Lufthülle zu. Viele Forscher führen die derzeitige Klimaerwärmung der Erde darauf zurück.

Autoabgase, rauchende Fabrikschlote und Brandrodungen tragen zu einem zunehmenden Treibhauseffekt bei.

Kann alles Eis der Erde schmelzen?

Die Erde trägt nicht immer vereiste Polkappen. Die meiste Zeit ihrer langen Existenz gab es an den Polen kein Eis, und es war insgesamt viel wärmer. Derzeit leben wir, erdgeschichtlich gesehen, in einer ungewöhnlich kühlen Zeit. Für ein Ende dieser Zeit gibt es aber kein deutliches Anzeichen. Das liegt vor allem daran, dass es genaue Temperaturmessungen erst seit relativ kurzer Zeit gibt.

Adélie-Pinguine in der Antarktis

Daher ist es schwer zu unterscheiden, ob eine Erwärmung nur eine der vielen kurzfristigen Temperaturschwankungen ist oder ob dahinter ein langwährender Aufwärtstrend steckt. Es ist derzeit ebensogut möglich, dass in einigen Jahrtausenden eine neue Kaltzeit einsetzt. Für die Menschheit wäre ein Klimawandel mit Abschmelzen der Polkappen eine Katastrophe. Das jetzt als Eis gebundene Wasser würde den Meeresspiegel kräftig ansteigen lassen. Weite küstennahe Bereiche der Erdteile würden dadurch überschwemmt, nicht zuletzt sämtliche Hafenstädte.

Es besteht keine Gefahr, dass die Polkappen in den kommenden Jahrhunderten abschmelzen. Die Temperatur an den Polen müsste schon sehr erheblich steigen. Wenn sie in der Antarktis von minus 40 auf minus 30 Grad Celsius klettern würde, würde das Eis noch lange nicht schmelzen.

Wie entsteht der Wind?

Durch ein vielfältiges Zusammenspiel von Luft und Sonne. Scheint die Sonne auf den Erdboden, so erwärmt sich dieser; ebenso die darüber liegende Luft. Warme Luft ist leichter als kühle Luft, also steigt sie empor. Diese Bewegung zieht nun wieder Luft aus anderen Gebieten heran – und deren Strömung empfinden wir als Wind. In anderen Gebieten sinkt kühle Luft aus der Höhe herab und verdrängt die dort liegenden Luftmassen, die ebenfalls als Wind wegströmen. In solchen Gebieten ist der Druck der Luftmassen auf den Erdboden etwas höher, deshalb nennt man diese Zonen „Hochdruckgebiete". Und die Zonen mit aufsteigender Luft, in denen der Luftdruck etwas niedriger ist, sind entsprechend „Tiefdruckgebiete".

Auf unserer Erde liegt ein gewaltiges Tiefdruckgebiet über dem Äquator, denn dort brennt die Sonne am heißesten. Die Luft sinkt in polnäheren Regionen wieder zu Boden. Aber die dadurch entstehenden Winde wehen nicht genau in Nord-Süd-Richtung, sondern werden von der Rotation der Erde abgelenkt. Sie wehen daher in Nordwest-Südost-Richtung.

Warum weht Wind oft vom Meer zum Land?

Wasser erwärmt sich viel langsamer als Erdboden. Das kannst du leicht feststellen, wenn du einen Teller Sand und einen Teller Wasser in die Sonne stellst und nach einiger Zeit die Temperaturen vergleichst. An einem Sonnentag an der Küste wird das Land also rascher aufgeheizt als die See. Die Luft über dem Land steigt auf, und dafür strömt Luft von der See heran. Der Wind weht daher tagsüber von der See zum Land.

Nachts ist es umgekehrt, denn der Erdboden kühlt viel rascher ab als Wasser. Daher steigt nun eher über dem Meer Luft auf, und vom Land strömt neue Luft heran. Der Wind weht nun also vom Land zum Meer.

Der Wind weht am Tag von der See zum Land.

Nachts weht der Wind vom Land zum Meer.

Was ist ein Orkan?

Ein mächtiger Sturm mit Windgeschwindigkeiten über 120 Kilometern pro Stunde. In den Tropen gibt es sogar Orkane mit Windgeschwindigkeiten von über 200 Kilometern pro Stunde. Sie können haushohe Wellen auftürmen und Schiffe in schwere Seenot bringen. An Land werden Bäume und ganze Wälder umgeknickt oder entwurzelt, Dächer abgedeckt, Masten und Autos umgeworfen und Gegenstände durch die Luft geschleudert. Das Wort Orkan kommt aus der niederländischen Sprache und ist mit dem Wort „Hurrikan“ für einen schweren Wirbelsturm verwandt.

Die Kraft des Windes gibt man meist als „Windstärke“ auf einer Skala von 0 bis 12 an. Windstärke 0 bedeutet Windstille, Windstärke 2 ist ein gerade im Gesicht fühlbarer Luftzug, Wind der Stärke 5 bewegt schon dickere Zweige. Bei Stärke 8 bewegen sich ganze Bäume, bei 10 werden schon einzelne Bäume entwurzelt, und ab 12 spricht man von Orkan. Für tropische Meere wurde die Skala sogar bis 18 erweitert.

Was ist ein Tornado?

Ein sehr gefährlicher Wirbelsturm. Er tritt besonders im Mittelwesten der USA auf. Plötzlich senkt er sich aus einer Gewitterwolke als rasch rotierender Wirbelschlauch von nur einigen hundet Metern Durchmesser zum Boden herab – das hat ihm den Beinamen „Finger Gottes“ eingetragen. Dann zieht er mit etwa 50 Kilometern pro Stunde übers Land und verwüstet alles, was in seine Reichweite kommt: Wohnhäuser zerfetzt er zu Kleinholz, wirbelt Autos, Lastwagen und Eisenbahnwaggons meterweit

Tornados werden auch „Finger Gottes" genannt.

hoch durch die Luft, knickt Bäume und Masten wie Streichhölzer. Er ist eine tödliche Gefahr für Menschen und Tiere, die in seine Nähe kommen. Die Spur der Verwüstung ist oft scharf gezogen: Es kann geschehen, dass ein Haus völlig zerstört wird, während das Nachbarhaus fast unbeschädigt bleibt. Bisweilen treten Tornados auch auf dem Meer auf; sie werden dann „Wasserhosen" genannt.

Schützen kann man sich vor Tornados nur in einem Bunker. Denn wegen ihres plötzlichen Auftretens, ihrer Geschwindigkeit und rasch wechselnden Zugbahnen ist eine Vorhersage kaum möglich.

Wie entstehen Wirbelstürme?

Diese gigantischen spiralförmigen Wirbel – man nennt sie auch Hurrikan, Taifun oder Zyklon – bringen orkanartige Winde und sintflutartigen Regen. In jeder Sekunde setzt ein Wirbelsturm die Kraft von Hunderten von Atombomben frei. Auf dem Meer türmt er gewaltige Wogen auf, und an Land reißt er oft ganze Häuser los und wirbelt sie durch die Luft. Wirbelstürme entstehen nur über tropischen Meeren mit Wassertemperaturen von über 27 Grad Celsius. Dort verdampft die Sonne ungeheure Mengen Wasser. Der Wasserdampf steigt auf und gerät in kühlere Luftschichten, wo er zu Wassertröpfchen kondensiert.

Dabei wird die Wärme frei, die die Sonne zuvor beim Verdampfen hineingesteckt hat. Sie heizt die Luft auf und erzeugt so weitere Aufwärtsbewegungen. Es entsteht ein gewaltiger Warmluftkamin vom Meer bis in über 12 Kilometern Höhe, der unter dem Einfluss der Erdrotation in Drehung kommt – ein Wirbelsturm ist geboren.

Satellitenbild eines Hurrikans

Verhindern kann man Wirbelstürme bisher nicht. Aber man kann heute die Entstehung und das Wandern der Wirbel mithilfe von Satelliten und speziellen Messflugzeugen mit mutigen Piloten verfolgen und so die betroffenen Regionen rechtzeitig warnen. Allerdings sind unangenehme Überraschungen nicht ausgeschlossen: Bisweilen ändern die Wirbel unvorhergesehen ihre Zugrichtung.

Was ereignet sich bei einer Sturmflut?

Sturmfluten sind orkanartige Stürme, die auf die Küste zuwehen und das Meerwasser gegen die Küste treiben, so dass es immer weiter steigt und schließlich die Deiche überspült und weite Landgebiete überflutet. In Bangladesch in Südasien sind schon Hunderttausende von Menschen ertrunken, wenn ein Wirbelsturm ihr flaches Küstenland überflutete. Auch an der Nordseeküste sind Sturmfluten gefürchtet: 1962 versanken außer der Küste große Teile des Hamburger Hafens im Wasser und 315 Menschen ertranken. Trotz der Deiche hat es jahrhundertelang immer wieder schwere Überschwemmungen gegeben.

Es gibt meist mehrere Gründe für eine schwere Flut: Starke, langandauernde Winde, die gewaltige Wassermassen gegen die Küste drücken und zu niedrige oder gar beschädigte Deiche, die diesem Ansturm nicht standhalten und brechen, so dass die Flut weit ins Land strömt. Besonders gefährlich ist es bei Flut, wenn das Wasser sowieso schon hoch steht.

Der Hamburger Fischmarkt nach einer Sturmflut im Januar 1995

Was geschieht bei Blitz und Donner?

Gewitter verursachen Jahr für Jahr Schäden in Milliardenhöhe. Jedes Gewitter enthält riesige Energiemengen – mehr als die Atombombe, die die japanische Stadt Hiroshima zerstörte.

Die mächtigen Winde innerhalb der Gewitterwolke sorgen für die Entstehung von Elektrizität: Sie reiben die Eiskristalle innerhalb der Wolke ständig aneinander. Dabei entstehen hohe elektrische Spannungen – etwa so, wie wenn Kunststoff oder Glas durch Reiben elektrisch werden. Nach und nach bilden sich unterschiedlich elektrisch geladene Gebiete innerhalb der Gewitterwolke. Zwischen diesen Gebieten kann die elektrische Spannung auf über 100 Millionen Volt ansteigen, das ist 500 000-mal so viel wie die Spannung in der Steckdose. Irgendwann ist die Spannung dann so hoch, dass sie sich durch die Luft hindurch entlädt: Ein Blitz zuckt. Außerdem breitet sich eine starke Schallwelle aus, die wir als lauten Donner wahrnehmen.

Vulkane und Erdbeben

Manchmal wird der scheinbar so feste Erdboden kräftig geschüttelt, und an vielen Stellen quellen Giftgase, Rauch und Lava empor. Denn nur wenige Kilometer unter unseren Füßen ist das Gestein glutflüssig.

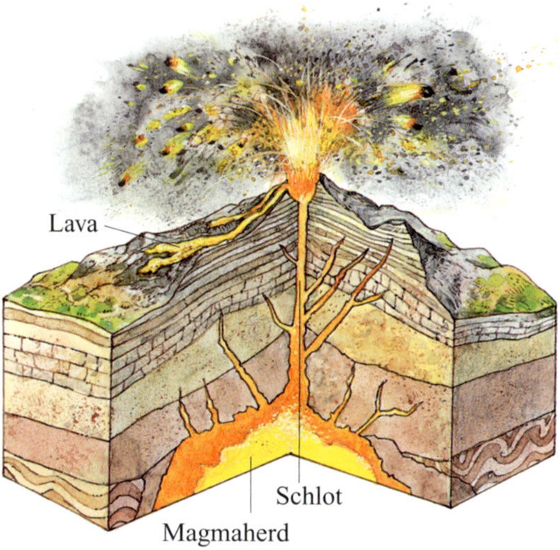

Warum brechen Vulkane aus?

Die Oberfläche unserer Erde ist nur eine dünne feste Schicht auf einem riesigen Ball aus glutflüssigem Gestein, dem Magma. Das Magma ist reich an Gasen und steht daher unter Druck – ähnlich wie der Inhalt einer Sprudelflasche. An manchen Stellen ist die Erdkruste besonders dünn und hat außerdem Risse. Durch diese kann das Magma nach oben dringen. Oft sammelt es sich zunächst in einer gewaltigen Blase, dem „Magmaherd“. Die Stelle, an der es schließlich herausquillt, ist der Vulkan. Sobald Magma aus der Erde gedrungen ist, nennt man es Lava. Bei manchen Vulkanen fließt die Lava langsam heraus, bei anderen jagen heiße Gesteinsbrocken und Lava, getrieben von den Vulkangasen, hoch in die Luft.

Die festen und flüssigen Stoffe, die der Vulkan auswirft, sammeln sich in seiner Umgebung. Nach und nach entsteht so ein Hügel und dann ein Berg aus erkalteter Lava. Am Gipfel hat ein Vulkan ein breites Loch, den Krater. Von hier aus führt ein mit Magma gefüllter Kanal hinunter zum Magmaherd. Diesen Kanal nennt man Schlot.

Bei manchen Vulkanen lässt im Laufe der Zeit der Druck aus der Tiefe und der Nachschub an Magma nach. Dann erstarrt das Magma im Schlot und der Vulkan ruht. Manche Vulkane nehmen nach einiger Zeit ihre Tätigkeit wieder auf. Aber andere bleiben auf Dauer ruhig – sie sind „erloschen“.

Gibt es auch in Deutschland Vulkane?

Von den rund 500 aktiven Vulkanen der Erde liegen nur 77 in Europa. Aber auch Deutschland ist ein Vulkanland, nur ist derzeit kein Vulkan tätig.

Aktiven Vulkanismus findet man heute noch in der Eifel. Die kreisrunden Eifelmaare etwa entstanden vor ungefähr 11000 Jahren, als Grundwasser unterirdisch mit glühendem Magma zusammentraf und wie ein überhitzter Dampfkessel explodierte. Manche dieser Vertiefungen füllten sich inzwischen mit Wasser und wurden zu stillen Seen.

In der Osteifel vor 13000 Jahren brach der Laacher-See-Vulkan aus. Diese gewaltige Vulkankatastrophe jagte innerhalb einiger Tage mehr als 5 Milliarden Kubikmeter Asche und Bimsstein empor. Das ist so viel, dass man 1000 Güterwagen mit der Menge füllen könnte, die pro Sekunde aus dem Boden schoss. Anschließend sackte im Gebiet des Vulkans der Boden ein; in der Vertiefung bildete sich später der Laacher See.

Können Vulkane explodieren?

Es gibt Vulkane, deren Lava vergleichsweise ruhig aus dem Krater fließt, wie die Vulkane auf den Hawaii-Inseln. Andere dagegen schleudern Rauchwolken, Asche, glühendes Gestein und hausgroße Felsbrocken in die Höhe und senden Lavaströme in alle Richtungen.

1980 wurde der Gipfel des Mount St. Helens bei einem explosiven Ausbruch teilweise weggesprengt.

Es gibt aber auch Vulkane, die viele Jahrhunderte lang „schlafen“. Sie sind besonders gefährlich. Denn das erkaltete Magma verstopft ihren Vulkanschlot. Wenn nun der Druck der Vulkangase in der Tiefe erneut ansteigt, kann das Magma nicht einfach heraus. Erst wenn der Druck aufs äußerste gestiegen ist, fliegt der Pfropf in einer gewaltigen Explosion davon. Manchmal reißt es dabei den ganzen Berg auseinander. Der Donner ist Tausende von Kilometern weit zu hören.

Haben Vulkane schon Menschen getötet?

Verglichen mit anderen Naturereignissen wie Wirbelstürmen, Erdbeben und Überschwemmungen starben relativ wenig Menschen durch Vulkane. Dennoch haben einzelne große Vulkankatastrophen zahlreiche Opfer gefordert. Der größte Ausbruch in jüngerer Zeit kostete 1815 über 90 000 Menschen das Leben. Damals explodierte der Tambora in Indonesien und blies eine gewaltige Aschenwolke bis in die höchsten Luftschichten. Die Wolke zog um die ganze Erde und schirmte die Sonnenstrahlen so stark ab, dass 1816 als „Jahr ohne Sommer“ in die Geschichte einging. In Europa und Nordamerika gab es schwere Hungersnöte, weil die Pflanzen nur geringe Ernten brachten. Dadurch starben viele Menschen.

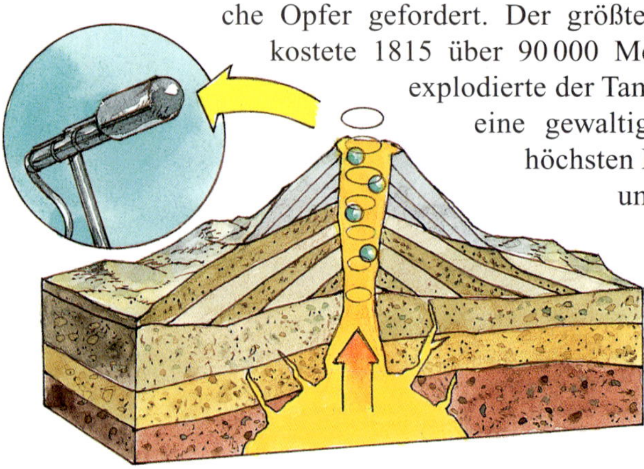

Heute nutzt man die Geräusche, die vor einem Ausbruch aus den Tiefen eines Vulkans dringen, für ein Alarmsystem.

Die meisten Todesopfer forderte 1883 die Explosion des Krakatau. Die Explosion löste eine ungeheure Flutwelle aus, die noch in Afrika und Südamerika zu spüren war. Auf die niedrigen Küsten der umliegenden Inseln brandete die Welle als fast 40 Meter hohe Wasserwand.

Wo lag Pompeji?

Die kleine römische Stadt wurde vor etwa 200 Jahren zu einer der berühmtesten Städte der Erde. Vor etwa 1900 Jahren wurde die Stadt (und ihre Nachbarstadt Herkulaneum) bei einem Vulkanausbruch des Vesuvs verschüttet und seit dem 18. Jahrhundert wieder entdeckt und ausgegraben.

Als die Römer in Pompeji siedelten, war der Vesuv (er liegt in der Nähe der heutigen italienischen Großstadt Neapel) zuvor 1300 Jahre ruhig gewesen. Doch dann erwachten die Kräfte der Tiefe erneut, und im Jahre 79 schoss plötzlich eine Feuersäule in den Himmel, gefolgt von einer gewaltigen tiefschwarzen Wolke, die im Nu die Sonne verdunkelte. Innerhalb weniger Stunden deckte eine meterhohe Ascheschicht Pompeji zu. Vor etwa 200 Jahren fand man Pompeji und Herkulaneum durch Zufall wieder. Seither sind hier Archäologen am Werk. Heute sind die Ruinen beider Städte eine Touristenattraktion.

Heute kann man wieder durch die Straßen Pompejis gehen.

Selbst einige der einstigen Bewohner Pompejis kann man besichtigen: Ihre Körper hinterließen Hohlräume in der feinen Ascheschicht. Altertumsforscher haben diese Hohlräume mit Gips ausgegossen. Nach dessen Erstarren blieb ein genaues Abbild des Toten zurück. Sogar das Abbild eines Hundes blieb erhalten – sein einstiger Besitzer hatte die Kette nicht gelöst, so dass das Tier nicht fliehen konnte.

Warum wohnen Menschen nahe an Vulkanen?

Weil dort der Boden besonders fruchtbar ist. Dafür nimmt man auch die Gefahr in Kauf – zumal die meisten Menschen, wenn ein Vulkan nicht gerade explodiert, rechtzeitig fliehen können. Die meisten Vulkane geben warnende Vorzeichen vor einem Ausbruch.

Grund für die Fruchtbarkeit des Bodens ist die ausgeworfene Asche. Sie ist reich an Mineralstoffen, die die Pflanzen brauchen. An hohen Vulkanen, wie etwa dem Ätna, regnen zudem vorbeiziehende Wolken ab, daher gibt es dort zahlreiche Quellen.

Viele vulkanische Produkte sind zudem recht wertvoll. Schon vor Jahrtausenden schätzte man den aus Vulkanasche entstandenen „Vulkantuff" als Baumaterial. Der leichte, luftige Bimsstein, der sich aus verfestigter gasreicher Lava bildet, dient auch heute noch als begehrter, wärmeisolierender Baustoff und wird (etwa in der Eifel) in großen Mengen abgegebaut. Schon in der Steinzeit vor 50000 Jahren nutzte man Obsidian, ein natürliches Glas aus erstarrter Lava, das messerscharfe Bruchkanten besitzt und sich daher für Messer, Beile, Speer- und Pfeilspitzen eignet. Andere Vulkangesteine wie Basalt und Porphyr sind sehr zäh und hart und werden für den Straßenbau gewonnen. Auch bestimmte Metallerze sowie Schwefel findet man im Umkreis vonVulkanen.

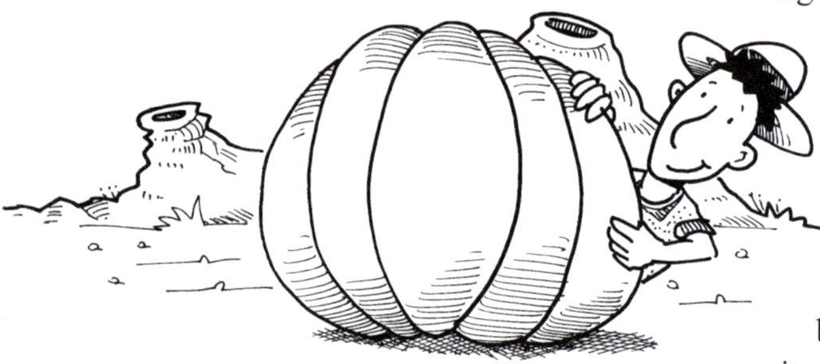

Kann man Vulkane besteigen?

Mutige Menschen wagen sich auf tätige Vulkane, um dort Forschungen zu betreiben oder auch um zu filmen. Manche von ihnen sind dabei aber leichtsinnig. Einige Vulkanforscher sind schon durch niederstürzende Brocken erschlagen, durch plötzlich ausbrechende heiße Giftgase erstickt oder von fließenden heißen Lavaströmen eingeschlossen worden.

Es gibt neben den erloschenen auch einige aktive Vulkane, die man gefahrlos oder mit nur sehr geringem Risiko besteigen kann, weil sie derzeit relativ ruhig sind. Viele tausend Menschen pilgern Jahr für Jahr zum Vesuv bei Neapel, wandern ein Stück auf seinem Kraterrand und betrachten ehrfürchtig die gewaltige Kraterschüssel. Auch den nur 400 Meter hohen Vulcano auf einer kleinen Insel nördlich von Sizilien kann man bequem besteigen; dort oben zischt an vielen Stellen heißer Wasserdampf aus schwefelverkrusteten Spalten, und es riecht sehr schwefelig. Aufregender ist eine Besteigung des 900 Meter hohen Stromboli auf der gleichnamigen Insel nördlich von Sizilien. Denn dieser Vulkan spuckt zuverlässig etwa alle 20 bis 30 Minuten Funken und glühende Brocken. Dies geschieht allerdings nur recht gemäßigt und ist daher relativ harmlos. Besonders spannend ist ein Besuch des Kilauea auf Hawaii. Dieser Vulkan entlässt ständig eine sehr dünnflüssige Lava, die fast so ruhig wie Wasser davonfließt. Hier kann man gefahrlos so nahe herankommen, wie es die Hitze erlaubt – ein unvergessliches Erlebnis.

Vesuv

Wo rauchen die meisten Vulkane?

Wenn man die Vulkane auf einer Erdkarte einträgt, erkennt man, dass sie sich an bestimmten Stellen häufen. Ganz besonders viele liegen rund um den Pazifik – so viele, dass man vom „Ring des Feuers" spricht. Die Erdkruste bildet keine einheitliche Schicht, sondern besteht aus zahlreichen Gesteinsplatten, die auf dem zähflüssigen tieferen Gestein dahintreiben, ähnlich wie Eisschollen auf einem Fluss. Auf einigen dieser

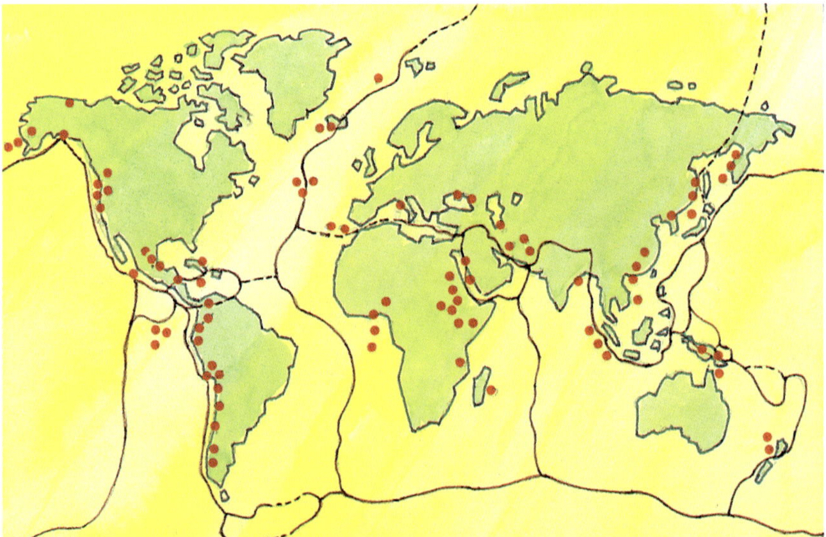

An den Rändern der tektonischen Platten befinden sich die meisten Vulkane (rot).

Platten sitzen die Kontinente, andere tragen Ozeanböden. Bewegt werden diese „tektonischen Platten" von Strömungen im flüssigen Gestein.

Die meisten Vulkane sitzen an den Rändern von Platten. An manchen Stellen zum Beispiel wird eine Platte unter den Rand einer anderen getaucht. Die absinkende Platte nimmt leichtes Gesteinsmaterial mit in die Tiefe. Tief unten schmilzt das Gestein, und die leichteren Anteile steigen als riesige Magmablasen empor. Durch Gesteinsrisse dringt das Magma schließlich an die Erdoberfläche und bildet Vulkane. Andere Vulkane gibt es dort, wo erdinnere Kräfte die Kontinentalplatten auseinander ziehen, oft am Grund der Ozeane.

Was sind „Hot Spots"?

Es gibt einige große Vulkane, die inmitten einer Kontinentalplatte liegen, also nicht am Rand. Ein berühmtes Beispiel sind die Hawaii-Inseln. Ihre Entstehung erklärt man durch eine „Heiße Stelle“, auf englisch „Hot Spot“. Unter ihnen sitzt ein besonders heißes Gebiet der Erde, in dem aus größeren Tiefen ständig Magma aufsteigt. Das Magma hat sich durch die dünne Erdkruste hindurchgeschmolzen und einen Vulkan gebildet. Etwa so, wie eine Kerze einen braunen Brandfleck auf einem hoch darüber gehaltenen Blatt Papier erzeugt.

Nun bewegt sich aber die Platte mit dem Vulkan mit einem Tempo von einigen Zentimetern pro Jahr. Die Folge davon ist, dass der Vulkan nach und nach von seiner Magma-Zufuhr abgeschnitten wird und erlischt. Dafür entsteht wenige Kilometer entfernt ein neuer Vulkan – ähnlich wie sich beim langsamen Bewegen des Papiers eine Reihe von Brandflecken bildet.

Wodurch entstehen Erdbeben?

Die Ursachen der meisten Erdbeben ist die Bewegung der etwa 20 „tektonischen Platten“, aus denen unsere Erdoberfläche besteht. Sie driften auf dem geschmolzenen, zähflüssigen Gestein des Erdinnern langsam dahin.

Fast alle berüchtigten Erdbebenregionen liegen an Berührungsstellen zwischen wandernden Platten. Denn diese gigantischen Gesteinspakete haben Zacken und Vorsprünge, die sich ineinander verhaken können.

Während die Platten unaufhaltsam weiterdriften, bleiben die Ränder zunächst aneinander hängen. Das Gestein spannt sich wie eine Feder – so lange, bis die angestaute Spannung mit einem gewaltigen Ruck frei wird. Das empfinden wir dann als Erdbeben.

Selbst im vergleichsweise ruhigen Deutschland gibt es ein paar Gebiete, in denen gelegentlich der Boden bebt. Meist bleibt es aber bei Sachschäden. So wurden 1978 in Albstadt auf der Schwäbischen Alb bei einem Erdstoß 800 Häuser beschädigt. Weitere bebengefährdete Gebiete sind das Kölner Becken und der Oberrheingraben.

Warum ist ein Tsunami so gefährlich?

Zu den gefährlichsten Begleiterscheinungen von Beben gehören gewaltige Flutwellen, die „Tsunamis“. Sie entstehen, wenn der Meeresboden plötzlich durch ein Seebeben oder durch die Explosion einer Vulkaninsel erschüttert wird und riesige Wassermassen in Bewegung gesetzt werden. Das geschieht besonders häufig am Pazifik. Das Seltsame an den Tsunamis ist, dass sie auf offener See ganz unauffällig sind. Die Tsunamis rasen dann mit Düsenjägertempo quer über den Ozean. Erst an der Küste türmen sie sich zu gigantischen Wasserwänden auf, die so hoch wie ein sechsstöckiges Haus sein können. Sie überfluten Städte und Dörfer, spülen Häuser und Schiffe fort und töten Tausende von Menschen. So erzeugte 1960 ein Erdbeben vor Chile eine

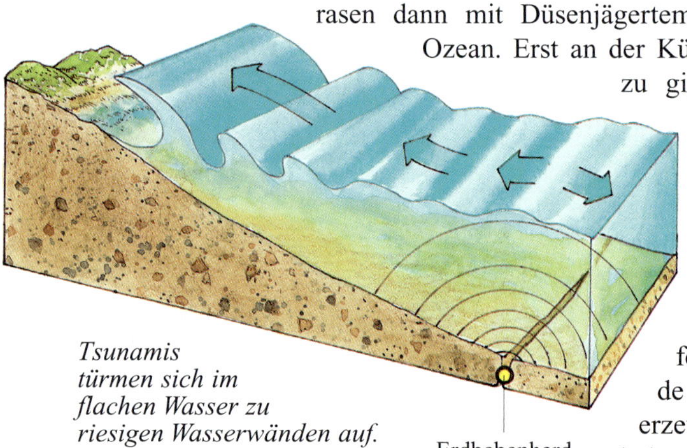

Tsunamis türmen sich im flachen Wasser zu riesigen Wasserwänden auf.

Welle, die innerhalb von 22 Stunden quer durch den Pazifik bis Japan lief und dort, 16000 Kilometer von ihrem Ursprungsort entfernt, schwere Verwüstungen anrichtete. Das japanische Wort Tsunami bedeutet etwa „Welle im Hafen“.

Was sind Geysire?

Heißwasserquellen, die plötzlich in gewaltigem Strahl emporschießen. Das Wort „Geysir“ kommt aus der isländischen Sprache und bedeutet „heiße Springquelle“. Man findet sie in einigen vulkanischen Gebieten, wo der Boden noch sehr heiß ist und wenige Meter unter der Oberfläche Temperaturen von mehreren hundert Grad Celsius herrschen. Berühmte Geysirfelder liegen auf Island, im amerikanischen Yellowstone-Nationalpark und in Neuseeland. Erst vor 150 Jahren hat man herausgefunden, wie ein Geysir funktioniert. Es hängt damit zusammen, dass Wasser normalerweise bei 100 Grad siedet, also verdampft. Unter hohem Druck aber siedet es erst bei höheren Temperaturen.

Geysire entspringen stets aus einem tiefen, wassergefüllten Schacht, in dem sich Grundwasser sammelt. Das Wasser heizt sich am heißen Gestein auf. Dabei erreicht es in einigen Metern Tiefe mehr als 100 Grad, weil es ja unter dem Druck der darüber stehenden Wassersäule steht. Schließlich aber bilden sich doch Dampfblasen und treiben das heiße Wasser nach oben. In geringerer Tiefe aber ist auch der Druck geringer, und die Temperatur des Wassers liegt plötzlich deutlich über seinem Siedepunkt. Daher verdampft es nun schlagartig, und der sich ausdehnende Dampf reißt noch mehr Wasser nach oben. Ein gewaltiger Strahl aus heißem Wasser und Dampf zischt aus der Quelle bis zu 50 Meter hoch empor, bisweilen einige Minuten lang. Dann füllt sich nach und nach die Quelle erneut mit kühlerem Wasser, das sich langsam aufheizt. Und das Spiel beginnt von neuem.

Wie entstehen Meteoritenkrater?

Die gewaltigen kraterförmigen Vertiefungen mit Durchmessern von mehreren hundert Metern bis zu vielen Dutzend Kilometern bildeten sich durch den Einschlag eines großen Körpers aus dem All. Solche Brocken, die vermutlich von der Entstehung des Sonnensystems übrig geblieben sind, sausen zwischen den Planeten umher, und gelegentlich, im Abstand von einigen Millionen Jahren, stößt einer mit der Erde zusammen.

Meteoritenkrater in Arizona

Beim Aufprall eines Tausende von Tonnen schweren Körpers wird eine Energiemenge frei, die der gleichzeitigen Explosion von Abertausenden von Atombomben entspricht. Ein großer Teil des Gesteins und des Meteoriten verdampft in der ungeheuren Hitze. Riesige Mengen von Trümmern und geschmolzenem Gestein werden herausgeschleudert, fliegen kilometerweit durch die Luft und schlagen dann wie Bomben in der Umgebung ein. Zurück bleibt ein klaffendes Loch von einigen Kilometern Durchmesser. So ist zum Beispiel vor etwa 20 000 Jahren der Meteoritenkrater in Arizona entstanden, der ungefähr 1 200 Meter groß ist.

Einer der größten Meteoritenkrater liegt in Deutschland: das Nördlinger Ries. Dort schlug vor 15 Millionen Jahren ein Meteorit von rund 1000 Metern Durchmesser ein. Die Gesteinstrümmer flogen über 40 Kilometer weit, und noch in Hunderten von Kilometern Entfernung verbrannte die Hitzewelle Tiere und Pflanzen.

Was geschieht bei einem großen Meteoriteneinschlag?

Wenn der Meteorit groß genug ist, würde er das (zumindest zeitweise) Verschwinden zahlreicher Pflanzen- und Tierarten und vielleicht sogar des Menschen bewirken. Ein Meteorit von über 1000 Metern Durchmesser setzt die Energie von einigen Milliarden Atombomben frei und schlägt einen Krater von über hundert Kilometern Durchmesser. Eine Druckwelle rast um die Erde, gefolgt von einer glühendheißen Hitzefront. In weitem Umkreis steht kein Baum mehr, lebt kein Tier, keine Pflanze. Staub und Rauch verdunkeln auf Monate die Sonne, und mit dem Regen fällt Säure, die sich durch chemische Umsetzungen in der Lufthülle und im Gestein gebildet hat. Es gibt heute zahlreiche Hinweise, dass solche Katastrophen schon mehrmals im Laufe der Erdgeschichte passiert sind und jedesmal viele Tier- und Pflanzenarten ausrotteten. Vor 66 Millionen Jahren fielen einem Meteoriteneinschlag im heutigen Mexiko Dinosaurier, Flug- und Meeressaurier und viele weitere Tiergruppen zum Opfer. Zur Panik gibt es aber keinen Anlass: Die Erdgeschichte hat gezeigt, dass solche Riesenbrocken nur in unvorstellbar großen Zeitabständen einschlagen.

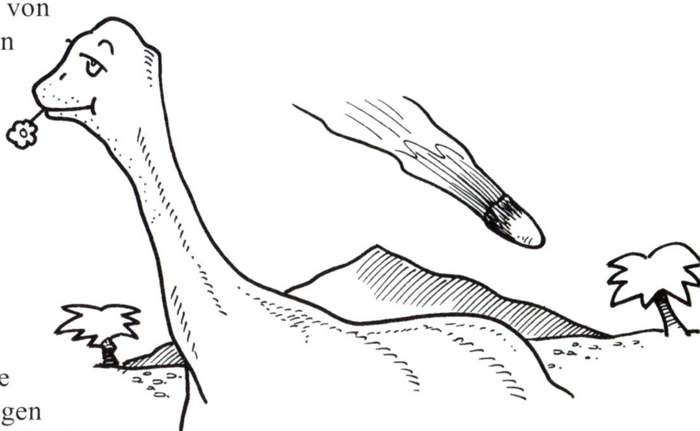

Berge und Gebirge

Schroffe Felswände, hoch aufragende schneebedeckte Gipfel – ein Gebirge ist ein imposanter Anblick. Doch was hat eigentlich die Berge in die Höhe gehoben?

Zwei Platten treffen aufeinander – ein Gebirge faltet sich auf.

Wie sind Gebirge entstanden?

Das war lange Zeit ein Rätsel der Geologie. Die Theorie der driftenden Erdkrustenplatten, die „Plattentektonik", lieferte vor wenigen Jahrzehnten eine verblüffend einfache Antwort. Diese Theorie besagt, dass die Erdkruste von über 20 Platten bedeckt ist, die über 100 Kilometer dick sind und langsam auf dem zähflüssigen Gestein der Tiefe dahingleiten. Manche dieser Platten tragen Kontinente, die aus leichterem Gestein bestehen und daher stets oben bleiben.

Gebirge entstehen zum Beispiel dann, wenn sich zwei Platten mit Kontinenten aufeinander zu bewegen und rammen. Dann schiebt der eine Kontinent Gestein des Meeresgrundes auf den anderen Kontinent hinauf, hebt es so in die Höhe und faltet es dabei auf – etwa so, wie man eine Tischdecke zusammenrafft. So erklärt sich auch, weshalb man oft die versteinerten Reste von Meerestieren hoch oben auf Bergen findet. Wenn sich schließlich die Kontinente treffen, kollidieren die kontinentalen Gesteine, heben sich in die Höhe, zerbrechen in Blöcke und Falten, schieben sich übereinander und verbiegen sich oft unter dem gewaltigen Druck. Die Gebirgsbildung geschieht natürlich sehr langsam, mit wenigen Zentimetern pro Jahr.

Gebirge bilden sich auch, wenn eine ozeanische Platte (also eine ohne Kontinent) direkt vor der Küste eines Kontinents in die Tiefe gedrückt wird. Dann schmilzt sie auf und bildet unter dem Kontinent leichtes Gesteinsmaterial, das aufsteigt, die kontinentalen Gesteine emporhebt und so ein Gebirge bildet. Auf diese Weise sind zum Beispiel die Anden an der Westküste Südamerikas entstanden.

Wie haben sich die Alpen gehoben?

Die Enträtselung der Alpenentstehung erwies sich für die Geologen als vergleichsweise schwierig. Hier laufen nämlich seit über 100 Millionen Jahren unterschiedliche Vorwärts- und Drehbewegungen der Platten (siehe vorherige Frage) ab. Ursache ist dabei vor allem die große Afrikanische Platte, die sich langsam drehend gegen die Eurasische Platte schiebt. Zwischen den beiden liegen aber noch mehrere kleine „Mikroplatten", etwa der „Iberische Block" (mit Spanien und Portugal) und die „Adriatische Mikroplatte" (mit Italien), die von der Afrikanischen Platte ihrerseits gedrückt und gedreht und gegen Europa geschoben werden. Sie falteten zunächst Ablagerungen des riesigen Thetys-Meeres auf, das einst südlich von Europa existierte. Das heranrückende Afrika verdrängte dieses Meer; nur das Mittelmeer ist ein übrig gebliebener Rest jenes Ozeans.

Alpen

Die eigentliche Alpenauffaltung setzte vor etwa 40 Millionen Jahren ein und verstärkte sich vor etwa 20 Millionen Jahren. Vor rund 5 Millionen Jahren hob sich dann noch der Schweizerisch-Französische Jura. Auch Pyrenäen, Apennin, Karpaten und die Gebirgszüge der Balkanhalbinsel entstanden auf ähnliche Weise.

Auch heute ist die Hebung der Alpen noch nicht beendet. Die Afrikanische Platte driftet weiterhin gegen Europa. Das zeigen auch die häufigen Erdbeben im Mittelmeerraum. In einigen Jahrmillionen wird schließlich das Mittelmeer verschwunden sein. Dann rammt der afrikanische Kontinent direkt gegen Europa, und diese Kollision wird ein weiteres großes Gebirge auffalten, noch mächtiger als die Alpen.

Existieren Berge ewig?

Langsam, aber unaufhörlich fressen Sonne, Frost, Regen und Wind an den steinernen Riesen. Die Sonnenhitze dehnt den Stein, die Kälte der Nacht lässt ihn wieder schrumpfen. Dieses tägliche Wechselspiel führt zu kleinsten Rissen, die sich langsam erweitern. Der Regen nagt ebenfalls am Gestein. Jeder Stein ist, wenn auch nur wenig, wasserlöslich. Aber im Laufe der Jahrtausende trägt der Regen doch ansehnliche Mengen davon: „Steter Tropfen höhlt den Stein", sagt das Sprichwort ganz richtig.

Das Wasser dringt tief in die feinen Gesteinsrisse ein. Im Winter gefriert es dann und dehnt sich dabei mit gewaltiger Kraft aus. So sprengt es Schuppen und sogar größere Felsstücke ab, die dann spätestens im Frühjahr als Steinschlag ins Tal donnern. In tieferen Lagen helfen auch Pflanzen mit ihren ätzenden chemischen Ausscheidungen und ihren kräftigen, in die Felsspalten vordringenden Wurzeln bei der Zerstörungsarbeit. Man nennt dieses Zersetzen und Zersprengen des Gesteins Verwitterung.

Was bedeutet Erosion?

Das fließende Wasser sorgt dafür, dass die Produkte der Verwitterung davongetragen werden. Reißende Gebirgsbäche entwickeln gewaltige Kräfte und führen selbst Felsbrocken mit sich. Durch ständiges Aneinanderschlagen zermahlt es diese sogar zu Steinen, Kies und Sand, den das Wasser auf weite Entfernungen mitführt und mitunter erst an der Mündung ins Meer ablagert.

Verwitterung und Abtragung, zusammen als „Erosion" bezeichnet, führen im Laufe der Jahrmillionen dazu, dass selbst hohe Gebirge eingeebnet werden. Und ihr Material lagert sich dann auf dem umliegenden Land und vor allem auf dem Meeresgrund ab. Dort verfestigt es sich mit der Zeit wiederum zu Gestein, aus dem dann vielleicht in späteren Erdepochen neue Gebirge aufgefaltet werden.

Das Wechselspiel von zwei miteinander kämpfenden Kräften formt seit Jahrmilliarden die Erdoberfläche: Die erdinneren Kräfte, die die tektonischen Platten bewegen und die Vulkane rauchen lassen, sorgen zum Beispiel für Hebungen von Gebirgen. Gegen diese Kräfte kämpfen die äußeren Kräfte der Verwitterung und Abtragung. Sie greifen vor allem emporragende Teile der Landschaft an und ebnen sie schließlich wieder ein. Dadurch schaffen sie neues Material für die hebenden Kräfte.

Was sind Mittelgebirge?

So nennen wir die Gebirge in Mitteleuropa nördlich der Alpen. In Deutschland zählen unter anderem Harz, Rhön, Eifel, Hunsrück, Odenwald, Schwäbische Alb, Erzgebirge und Schwarzwald dazu. Ihre Gipfel sind längst nicht so hoch wie die Berge der Alpen, und sie ragen auch nicht so steil empor. Sie sind vielmehr abgerundet und meist vollkommen bewachsen. Die Mittelgebirge sind viel älter als die Alpen. Alpen, Himalaya, Pyrenäen sind vergleichsweise junge Gebirge, kaum älter als 50 bis 100 Millionen Jahren. Denn natürlich hat es auch schon zuvor Gebirgsbildungen gegeben, wenn Platten aneinander stießen.

Berge und Gebirge

Schwarzwald

In Europa sind vor allem drei alte Gebirgssysteme auffällig: Vor 570 bis 390 Millionen Jahren faltete sich das „Kaledonische Gebirge“ auf, als Nordwesteuropa mit Nordamerika zusammenstieß. Reste davon sind die Berge Schottlands, Westskandinaviens und Spitzbergens sowie das Appalachen-Gebirge an der Ostküste der USA.

Die Mittelgebirge, die die Mitte unseres Landes prägen, entstanden vor 400 bis 280 Millionen Jahren bei der „Variskischen Faltung“. Damals kollidierte Südwesteuropa mit dem einstigen Kontinent Gondwana. Vor etwa 290 Millionen Jahren schließlich stieß Osteuropa mit Asien zusammen, wobei sich das Uralgebirge bildete.

Warum liegt auf hohen Bergen Schnee?

Weil es dort oben deutlich kälter ist als weiter unten. Die durchschnittliche Lufttemperatur nimmt nämlich ab, je höher man kommt, und zwar alle 100 Meter um ungefähr 1 Grad Celsius. Steigt man zum Beispiel von 500 Meter auf 1 500 Meter Höhe, sinkt die Temperatur um rund 10 Grad Celsius. Selbst im Sommer, wenn es am Meer 25 Grad Celsius warm ist, erreicht das Thermometer auf dem Gipfel der Zugspitze in 2 962 Meter Höhe nur etwa minus 5 Grad Celsius. Im Winter ist es noch kälter. Daher bleibt ab einer bestimmten Höhe der Schnee liegen und taut auch im Sommer kaum weg. Selbst am heißen Äquator sind hohe Berge an der Spitze im ganzen Jahr mit Schnee bedeckt.

Welches sind die höchsten Berge?

Auf diese Frage gibt es mehrere Antworten. Sie hängen nämlich davon ab, wie man die Höhe eines Berges misst.

Üblicherweise gilt der Mount Everest im Himalaya-Gebirge als höchster Berg der Welt. Er ragt 8872 Meter über dem Meeresspiegel auf – höher als jeder andere Berg. Misst man die Höhe eines Berges aber nicht im Vergleich zum Meeresspiegel, sondern zu seiner direkten Umgebung, hält der Berg Mauna Kea den Rekord. Er ist ein erloschener Vulkan auf der Pazifik-Insel Hawaii. Zwar erreicht Mauna Kea nur 4202 Meter Höhe über dem Meeresspiegel, aber das gewaltige Bergmassiv erhebt sich mehr als 10200 Meter über den umliegenden Meeresboden.

Mount Everest

Es gibt noch eine dritte Möglichkeit, den höchsten Berg zu ermitteln: als größte Entfernung eines Gipfels vom Erdmittelpunkt. Dann ist wieder nicht der Mount Everest der höchste Berg, sondern der erloschene Vulkan Chimborazo im südamerikanischen Andengebirge. Die Höhe dieses Vulkans erreicht eigentlich nur 6310 Meter über dem Meeresspiegel.

Dazu muss man wissen, dass die Erde keine exakte Kugelform besitzt, sondern wie ein Medizinball an den Polen leicht abgeplattet und am Äquator etwas bauchig ist. Die Ursache ist die Erdrotation, die äquatornahe Gesteine geringfügig nach außen zieht. Das führt dazu, dass die Pole etwa 20 Kilometer näher am Erdzentrum liegen als der Äquator. Der Gipfel des Mount Everest ist dadurch 6380 Kilometer vom Erdmittelpunkt entfernt, der Gipfel des fast am Äquator liegenden Chimborazo dagegen 6384 Kilometer.

Ozeane und Meere

Die Oberfläche unseres Heimatplaneten besteht zum großen Teil aus Wasser. Denn mehr als zwei Drittel der Erde sind von Ozeanen bedeckt – eine fast unendliche Menge salzigen Wassers.

Wie kann man den Ozeanboden erforschen?

Jahrhundertelang gab es nur die Möglichkeit, mit Gewichten an langen Leinen („Loten") die Meerestiefen zu erforschen – angesichts der gewaltigen Meeresflächen war das ein mühsames und höchst ungenaues Verfahren.

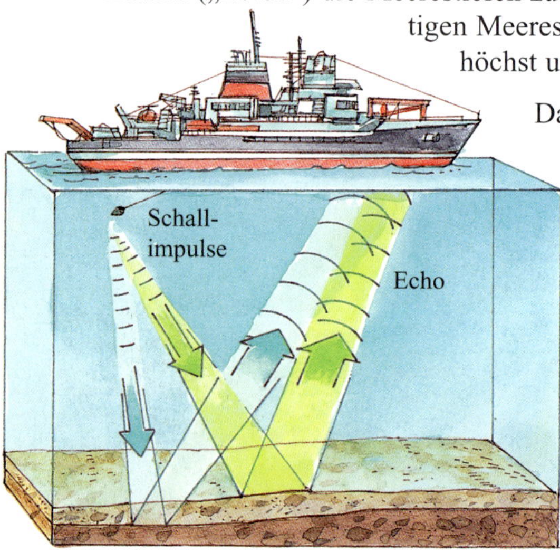

Mithilfe von Echoloten werden Schallwellen, die zum Meeresgrund gesendet wurden, wieder aufgefangen.

Das wirkliche Aussehen der Ozeanböden konnten die Meeresforscher erst ermitteln, seit sie so genannte Echolote zur Verfügung haben. Diese Geräte senden Schallwellen in die Tiefe, die vom Meeresboden zurückgeworfen werden. Diese Echos fangen sie dann auf. Weil man weiß, wie schnell sich Schall im Wasser bewegt, kann man aus der Laufzeit der Schallwellen die Entfenung zum Meeresboden berechnen.

Heute kann man solche Messungen vom fahrenden Schiff aus in kurzen Abständen durchführen. Der Computer entwirft dann ein genaues Bild des Meresgrundes mit seinen Bergen und Tälern.

Mithilfe von Tauchbooten und ferngesteuerten Kameras kann man den Ozeanboden noch genauer erforschen. Bilder und Messwerte über die Temperatur, im Wasser gelöste Stoffe und weitere Einzelheiten werden zur Wasseroberfläche gesendet, wo diese Informationen dann ausgewertet werden.

Wird das Meer direkt vor der Küste sehr tief?

Die eigentliche Tiefsee mit über 3000 Meter Wassertiefe beginnt meist erst weit draußen im Ozean. Vor den Küsten der Kontinente liegen zunächst die Schelfgebiete. Sie sind teils über 200 Kilometer breit. Die ins Meer mündenden Flüsse lagern hier einen Teil ihrer mitgeführten Sand- und Schlickfracht ab und bringen Nährstoffe mit. Diese flachen Meere sind zudem sonnendurchflutet. Daher leben hier zahlreiche Tiere und Pflanzen. Die Nordsee ist ein typisches Schelfmeer mit weniger als 100 Meter durchschnittlicher Wassertiefe.

Die Schelfgebiete senken sich nur wenig ab. An ihrem Rand, bei einer Tiefe von etwa 200 Meter, gibt es eine Steilstufe, den Kontinentalabhang. Dieser ist vielfach von Schluchten und Kerben durchzogen. Hier fällt der Meeresgrund plötzlich auf über 3000 Meter ab.

Die Meere und Ozeane sind ganz unterschiedlich tief. Flache Meere wie die Nord- und die Ostsee sind nur wenige Dutzend Meter tief. Das Mittelmeer erreicht an vielen Stellen schon über 2500 Meter Tiefe und senkt sich an manchen Stellen sogar auf über 3000 Meter hinab. Die großen Ozeane dagegen sind im Durchschnitt 3000 bis 5000 Meter tief. An manchen Stellen, in den großen Tiefseegräben, senkt sich der Meeresgrund sogar auf mehr als 11000 Meter!

Wie sieht der Tiefseeboden aus?

Es gibt dort neben weiten Ebenen eine Fülle unterschiedlicher Landschaftsformen mit Bergen und Tälern. Der Atlantik etwa ist in Nord-Süd-Richtung von einem 18 000 Kilometer langen, vielfach durch Spalten und Risse zerfurchten Gebirgsrücken durchzogen, dem Mittelatlantischen Rücken.

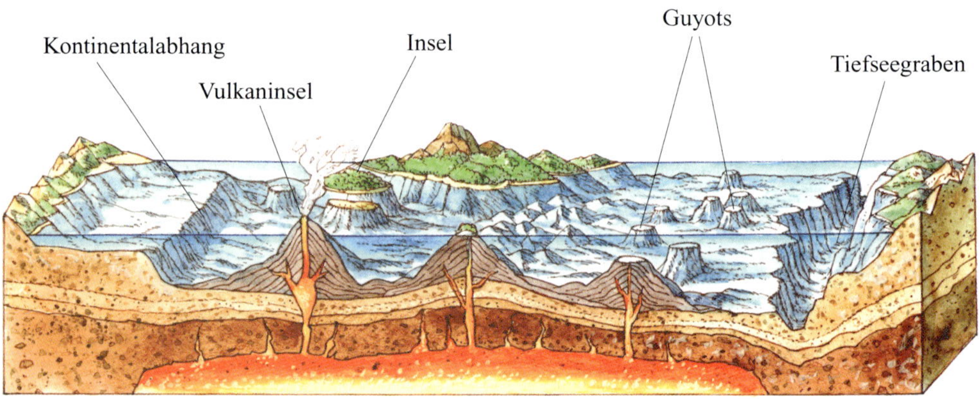

Schnitt durch einen Ozean

An vielen Stellen findet man auch tätige oder erloschene Vulkane, die sich auf dem Meeresgrund gebildet haben. Manche schauten früher einmal über die Meeresoberfläche und tragen ein Korallenriff um sich herum. Als die Kräfte in der Tiefe schwächer wurden, sackten die Berge dann nach und nach unter ihrem eigenen Gewicht wieder in den Meeresgrund ein. Man nennt diese versunkenen ehemaligen Vulkane „Guyots", nach dem Schweizer Forscher Arnold Guyot.

Wie entstehen Inseln?

Kleine Inseln nahe dem Festland entstanden meist dadurch, dass sich das Meer zwischen Insel und Land schob. Bei den Halligen an der Nordseeküste zum Beispiel wuschen Sturmfluten die Verbindung zum Land weg. Die felsigen Schären an der schwedischen und finnischen

Küste dagegen sind die höher gelegenen, gerade noch aus dem Wasser ragenden Teile der ehemaligen Landschaft, die nach der Eiszeit durch den Anstieg des Meeresspiegels überflutet wurde. Ähnlich ist es mit großen Inseln wie etwa den Britischen Inseln, Sizilien, Madagaskar oder den südostasiatischen Inseln. Sie sind im Grunde hoch gelegene, aber vom Wasser abgeschnittene Teile der benachbarten Kontinente. Die Ägäis zwischen Griechenland und der Türkei etwa war vor 18 000 Jahren Festland. Heute schauen nur noch die Gipfel der einstigen Berge und Hügel aus dem gestiegenen Wasser heraus. Und Neuguinea, die zweitgrößte Insel der Erde, sowie die zahlreichen kleinen Nachbarinseln sind Reste des riesigen untergegangenen Landes „Sahul“ nördlich von Australien. Man findet am Meeresboden noch Spuren einstiger Flüsse. Vor 40 000 Jahren lebten hier sogar Menschen.

Die Hawaii-Inseln sind vulkanischen Ursprungs.

Inseln können aber auch durch vulkanische Vorgänge entstehen. Die Hawaii-Inseln, Island, die Kanarischen Inseln, die Azoren, die zahlreichen Südseeinseln und viele andere sind Vulkane, die am Meeresboden ausbrachen. Nach und nach häufte sich die Lava, und schließlich durchbrach der Berg die Meeresoberfläche.

Vulkaninseln steigen sehr steil einige tausend Meter vom Meeresboden empor. Daher ist das Meer schon wenige Meter von ihrer Küste entfernt sehr tief. Die Insel Hawaii etwa sitzt als breiter Basaltkegel direkt auf dem Meeresgrund und ist insgesamt rund 10 000 Meter hoch.

Wie bauen Korallen Inseln?

Korallen sind winzige Polypen, die sich ähnlich wie Quallen mit Fangärmchen ihre Nahrung aus dem Wasser fischen. Aber anders als die treibenden Quallen bleiben sie stets an einem Platz. Jedes Tierchen erzeugt eine Kalkschale, in die es sich bei Gefahr zurückzieht. Stirbt ein Tier, bleibt die Kalkhülle zurück, und neue Korallen bauen ihre Gehäuse darauf. Weil Korallen zu Millionen in einer Kolonie leben, wächst auf diese Weise innerhalb Jahrzehnte und Jahrhunderte ein ansehnliches Korallenriff aus Milliarden winziger Kalkhüllen. Das Riff ist wiederum Lebensraum für zahlreiche weitere Tierarten. Die Polypen können nur in tropischen nährstoffreichen Flachmeeren gedeihen.

Korallenriff

Manche dieser Korallenriffe bilden sich in gewissem Abstand entlang der Küste. Das größte dieser Art ist das Barriere-Riff vor der Nordostküste Australiens, das etwa 2000 Kilometer lang ist. Andere Riffe wachsen kreisförmig um eine Vulkaninsel herum. Sinkt der Vulkan langsam in die Tiefe, bauen die Tierchen das Riff gleichzeitig in die Höhe. Schließlich ist der Vulkan ganz verschwunden, und man sieht nur noch ein rundes Korallenriff, ein „Atoll“. Teile davon reichen oft sogar über den Meeresspiegel.

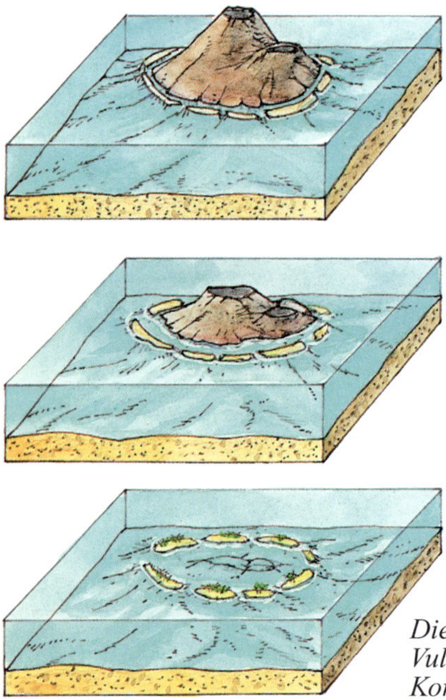

Die Entstehung eines Atolls: Ein Vulkan versinkt, während das Korallenriff in die Höhe wächst.

Warum ist Meerwasser blau?

Das Wasser selbst erscheint uns farblos. Das einfallende Sonnenlicht erscheint uns ebenfalls farblos; Sonnenlicht ist aber eine Mischung aus Licht aller Farben. Eine dicke Wasserschicht verschluckt nun einen Teil dieses einfallenden Sonnenlichts. Verschluckt werden vom Wasser vor allem die roten und gelben Anteile des Sonnenlichts, so dass blaues Licht übrig bleibt. Daher erscheinen in einigen Metern Wassertiefe alle Gegenstände in blaues Licht getaucht. Mikroskopisch kleine schwebende Teilchen im Wasser werfen einen Teil des eingestrahlten Lichts zurück. Dieses reflektierte blaue Licht trägt zur blauen Farbe des Ozeans bei.

Aber in vielen Gebieten erscheint das Meer eher grünlich. Die Farbe stammt von zahlreichen winzigen Algen, die dort im Wasser leben. Sie zeigen an, dass das Wasser dort reich an Nährstoffen für Pflanzen ist.

Ist das Rote Meer wirklich rot?

Normalerweise nicht. In diesem Meer südwestlich von Saudi-Arabien lebt aber eine bestimmte Bakterienart, die sich bisweilen stark vermehrt und nahe der Oberfläche eine kilometerweite Schleimschicht bildet. Nach einigen Tagen sterben die Bakterien wieder ab und färben das Wasser dann rötlich braun.

Auch die Namen anderer „farbiger“ Meere gehen auf ähnliche Ursachen zurück. Ins Gelbe Meer an Chinas Küste mündet der Hoangho, der Gelbe Fluss. Seine Wassermassen spülen Unmengen gelblichen Schlammes ins Meer. Der Schlamm besteht aus Löss, eine gelbliche, lehmartige, sehr fruchtbare Art von Erdboden. Das Weiße Meer nahe der Halbinsel Kola ist im Winter wegen seiner nördlichen Lage lange Zeit zugefroren; möglicherweise rührt daher sein Name.

Rotes Meer, Ägypten

Der Grund des Schwarzen Meeres nördlich der Türkei ist über weite Strecken schwarz. Ursache ist die geringe Wasservermischung in diesem Meer. Das Tiefenwasser enthält keinen Sauerstoff, aber giftige Schwefelgase, die mit Mineralsalzen schwarze Stoffe bilden. Nur die obere Wasserschicht ist reich an Lebewesen. Der Name des Schwarzen Meeres rührt aber nicht vom schwarzen Schlamm am Grund, sondern wohl von heftigen Stürmen, die dem Schwarzen Meer ein düsteres Aussehen verleihen.

Wie kommt das viele Salz ins Meer?

Es kommt eigentlich gar nicht ins Meer – es ist zum großen Teil schon fast seit Entstehung der Erde darin. Die junge Erde war vor 4600 Millionen Jahren ein glühender Gesteinsball, der sich langsam abkühlte. Als die Temperatur niedrig genug war, regnete es in einem gewaltigen, Jahrtausende langen Sturzregen aus der Wolkenhülle. Das Wasser sammelte sich an den tiefsten Stellen und bildete so die Ozeane und Meere. Alle wasserlöslichen Stoffe auf der damaligen Festlandsoberfläche wurden dabei aufgelöst und ins Meer geschwemmt, insbesondere die gut in Wasser löslichen Salze. Und das taten auch die Regengüssen der folgenden Jahrmillionen bis heute. Und während das Wasser durch Verdunsten leicht wieder aus dem Meer aufsteigt, muss das Salz zurückbleiben. Daher hat sich so viel Salz in den Meeren angesammelt. Jeder Liter Meerwasser enthält etwa 35 Gramm Salz (das sind ungefähr 3 Esslöffel voll).

Warum gibt es Meeresströmungen?

Den Seefahrern ist seit alters her bekannt, dass das Wasser der Ozeane nicht stillsteht, sondern dass es in den Meeren an vielen Stellen mächtige Ströme warmen oder kalten Wassers gibt. Erst seit dem 19. Jahrhundert untersuchte man diese „Flüsse im Meer“ genauer und trug ihren Verlauf in Karten ein. Dabei stellte man eine erstaunliche Tatsache fest: In den Ozeanen drehen sich insgesamt fünf große Wasserwirbel von mehreren tausend Kilometern Durchmesser. Auf der Nordhalbkugel drehen sie sich im Uhrzeigersinn, auf der Südhalbkugel in entgegengesetzter Richtung.

Antrieb der Strömungen ist der Wind. Er weht in manchen Gebieten fast ständig aus der gleichen Richtung und setzt so das Meerwasser in Bewegung. Am Äquator erzeugen die Passatwinde, die das ganze Jahr über Richtung Westen blasen, Westströmungen. Treffen diese Strömungen auf Festland, werden sie nach Norden und Süden abgelenkt und fließen dann in weitem Bogen zu ihrem Ursprungsort zurück, wobei sie sich oft in mehrere Ströme aufteilen. Im Nordatlantik zum Beispiel bilden sich so der Golfstrom und der Nordatlantikstrom, im Pazifik vor Japans Küste der Kuroschio. Um die Antarktis herum treibt der Westwind einen Ringstrom, die kalte „Antarktische Westwinddrift“, die ungehindert die Antarktis umkreist. An ihrem Nordrand trifft diese kalte Wasserströmung auf die Spitzen der Kontinente Afrika und Südamerika sowie Australien und schickt dort kalte Ausläufer nach Norden: den Humboldtstrom vor der Westküste Südamerikas, den Benguelastrom vor Afrika und den Westaustralstrom.

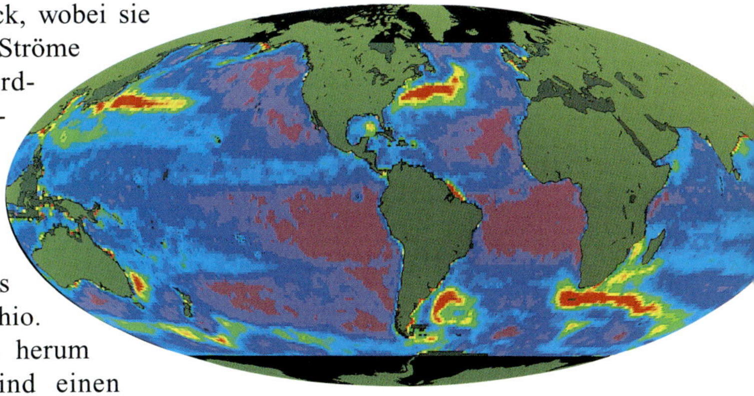

Wichtige Meeresströmungen (leuchtend rot), zum Beispiel der Golfstrom vor der Küste Nordamerikas

Was ist der Golfstrom?

Der Golfstrom ist Europas Warmwasserheizung: Ohne ihn wäre unser Klima sehr ungemütlich; Europa wäre nur dünn besiedelt – und die Weltgeschichte wäre völlig anders abgelaufen.

Die Nordatlantische Strömung teilt sich in die Norwegische und die Kanarische Strömung.

Der Warmwasserstrom heißt Golfstrom, weil man früher glaubte, er entspringe im Golf von Mexico. In Wirklichkeit aber stammt das Wasser vom Nord-Äquatorialstrom und biegt vor Floridas Küste nach Norden ab. In der Enge zwischen Florida und den Bahama-Inseln jagen 30 Millionen Kubikmeter Wasser pro Sekunde mit 15 Stundenkilometern dahin. Bei Kap Hatteras verlässt der Strom die nordamerikanische Küste und wendet sich nach Nordosten. Bei den Neufundlandbänken trifft er mit dem kalten Wasser des Labradorstroms zusammen, ab hier heißt der Golfstrom Nordatlantikstrom.

Ein Teil wandert nach Nordosten und spaltet sich in mehrere Arme auf, die an Island und Grönland, England und Norwegen vorbei bis ins Nordpolarmeer strömen. Die Hauptmenge des Wassers nimmt Richtung auf Südeuropa, vereinigt sich mit dem Kanarenstrom und dem Nordäquatorialstrom und schließt westwärts fließend und sich wieder erwärmend den gewaltigen nordatlantischen Wasserwirbel.

Die Grenzlinie zwischen Golfstrom- und kälterem Atlantikwasser, der so genannte „Kalte Wall“, ist an manchen Stellen deutlich zu erkennen. Dennoch verhält sich der Golfstrom nicht wie ein Fluss: Er besteht eher aus Bändern und Schleifen warmen Wassers, durchzogen von kälteren Strömungen, die ständig ihre Bahn wechseln und nur die grobe Richtung einhalten.

Woher hat das Tote Meer seinen Namen?

Weil in seinem Wasser außer bestimmten widerstandsfähigen Bakterien nichts lebt, schon gar keine Fische. Das Tote Meer ist ein Salzsee im Nahen Osten, an der Grenze zwischen Israel und Jordanien. Es hat sich in einer tiefen Einsenkung der Erdoberfläche gebildet, 400 Meter unter dem Meeresspiegel. Damit ist es der tiefste Punkt der Erdoberfläche. Einst war das Tote Meer ein gewaltiger Süßwassersee und füllte die gesamte Vertiefung. Aber als das Erdklima trockener wurde und die Niederschläge nachließen, wurde der See immer kleiner: Das Wasser verdunstete, die darin gelösten Salze blieben zurück. Daher wurde die Salzlösung immer konzentrierter, das Wasser immer salziger. Das Tote Meer besitzt keinen Abfluss, aber mehrere Zuflüsse. Der bedeutendste ist der Fluss Jordan. Er bringt allerdings kaum noch Wasser mit, weil der größte Teil davon für die Bewässerung von Feldern abgeleitet wird.

Das Salzwasser im Toten Meer hat eine solche Tragkraft, dass man kaum untersinkt.

Das Tote Meer ist eine ölige, warme Salzbrühe von schlammbrauner Farbe. Man kann darin baden, aber nicht tauchen: Die Salzlauge brennt heftig in Nase und Augen. Außerdem trägt das Wasser hervorragend, so dass man wie ein Korken schwimmt und sogar auf dem Rücken liegend Zeitung lesen kann.

Es gibt Pläne, einen gewaltigen Tunnel vom Mittelmeer zum Becken des Toten Meers zu bauen, um das Tote Meer mit Wasser aufzufüllen. Man könnte das Gefälle sogar zur Stromerzeugung mit Turbinen nutzen. Wegen der hohen Wasserverdunstung würde es viele Jahrzehnte dauern, bis das Becken wieder so gefüllt wäre wie einst. Auf lange Sicht würde der Salzgehalt wieder ansteigen und es entstünde ein noch weit größerer Salzsee als das heutige Tote Meer.

Was fährt auf der Straße von Gibraltar?

Manchmal sogar Autos. Allerdings nur im Bauch eines Schiffes. Die Straße von Gibraltar ist nämlich eine Wasserstraße: die Verbindung von Mittelmeer und Atlantik. Gleichzeitig trennt sie Europa (Spanien) und Afrika (Marokko). Sie ist etwa 60 Kilometer lang, aber an der engsten Stelle nur 14 Kilometer breit.

Im Mittelmeer verdunstet mehr Wasser, als durch Flüsse wie Nil, Po oder Rhone geliefert wird. Daher strömt aus dem Atlantik ständig Meerwasser ins Mittelmeer hinein, während tief unter der Oberfläche eine Strömung schwereres, salzhaltigeres Wasser in den Atlantik hinausführt. Wo heute das Mittelmeer wogt, dehnte sich vor etwa 6 Millionen Jahren eine Wüste aus. Denn Landhebungen hatten die Verbindung zum Atlantik verschlossen. Innerhalb einiger tausend Jahre war das gesamte Becken ausgetrocknet und hinterließ nur einige Salzseen. Doch dann öffnete sich die Barriere wieder und in einem gewaltigen, mehr als 1000 Meter hohen Wasserfall donnerte und rauschte das Wasser ins Becken. Binnen nur eines Jahrhunderts war die Senke wieder gefüllt. Vermutlich spielte sich das Verdunsten und Wiederauffüllen sogar mehrfach ab – zuletzt vor 5 Millionen Jahren.

Kann man durch Kanäle von einem Ozean zum anderen?

Betrachtet man die Weltkarte mit den Augen eines Seefahrers, stellen sich die Erdteile vielerorts als Hindernisse dar. Kein Wunder, dass man schon bald versuchte, mithilfe von künstlichen Seestraßen, also Kanälen, die größten Schranken für die Schifffahrt zu beseitigen. Die größten Barrieren bildeten Mittelamerika, das eine direkte Seeverbindung zwischen der Ost- und der Westküste des Kontinents versperrte, sowie die Landbrücke zwischen Asien und Afrika, die für Fahrten zu den Reichtümern des Fernen Ostens den Umweg um Afrikas Südspitze nötig machte.

Schon vor mehr als 2 500 Jahren hatten die Ägypter eine Wasserstraße zwischen Nil und Rotem Meer gegraben, um rascher nach Indien zu gelangen. Aber der Kanal versandete. Im Jahre 1869 wurde dann der Suez-Kanal eröffnet. Die 170 Kilometer lange schleusenlose Wasserstrasse verkürzt zum Beispiel die Strecke von Hamburg nach Bombay in Indien um 9000 Kilometer. Rund 18 Stunden lang gleiten die Schiffe durch die Wüste und überholen dabei gelegentlich Kamelkarawanen.

Der Panama-Kanal verbindet den Atlantik mit dem Pazifik.

1881 begann Frankreich mit dem Bau des Panama-Kanals als Verbindung von Atlantik und Pazifik. Doch wegen technischer Probleme und zahlreicher Fieberkrankheiten unter den Arbeitern mussten sie im Jahre 1889 aufgeben. Die Vereinigten Staaten übernahmen dann das Bauprojekt. Sie vernichteten in einer Großaktion die Brutplätze der Mücken, die das Fieber übertrugen, und gingen mit riesigen Maschinen den Kanalbau an. 1914 war der 82 Kilometer lange Kanal schließlich fertig. Immerhin verkürzt der Panama-Kanal die Strecke von New York nach San Francisco um 14 000 Kilometer.

Unterirdisches

Oft wissen wir nur sehr wenig über die Erdtiefen unter uns. Dabei laufen hier aufregende Vorgänge ab, die ganze Kontinente bewegen. Und atemberaubende Naturschönheiten bilden sich in Höhlensälen, in die nie ein Sonnenstrahl fällt.

Wie weit reicht die tiefste Erdbohrung?

Gar nicht weit, im Vergleich zur über 6 300 Kilometer langen Entfernung zum Erdmittelpunkt. Das tiefste Loch liegt auf der russischen Halbinsel Kola östlich von Finnland und erreicht gut 12 Kilometer Tiefe. Es stellte sich heraus, dass es selbst dort unten bei über 200 Grad Celsius noch Wasser gibt, das vermutlich als Gleitmittel bei den Bewegungen der Erdkrustenschichten eine große Rolle spielt.

Bohrstation in Windischeschenbach

Die tiefste Bohrung in Deutschland wurde ab 1990 in Windischeschenbach in der Oberpfalz durchgeführt und erreicht etwa 9000 Meter. Sie führt durch ein geologisch interessantes Gebiet: durch eine Zone, an der vor 350 Millionen Jahren zwei ehemalige Kontinente zusammenstießen und die heutigen Mittelgebirge auffalteten. Dank der Bohrung können die Geologen erkunden, wie heiß es dort unten ist, was für Gesteine es dort gibt und wie sie sich unter dem enormen Druck der Tiefe verhalten.

Technisch ist diese Bohrung eine Meisterleistung. Das Bohrloch ist fast genau senkrecht, und die Temperatur in der größten Tiefe beträgt immerhin schon 265 Grad Celsius. Das stellte enorme Anforderungen an die Widerstandsfähigkeit des Bohrkopfs.

Kann man zum Erdmittelpunkt reisen?

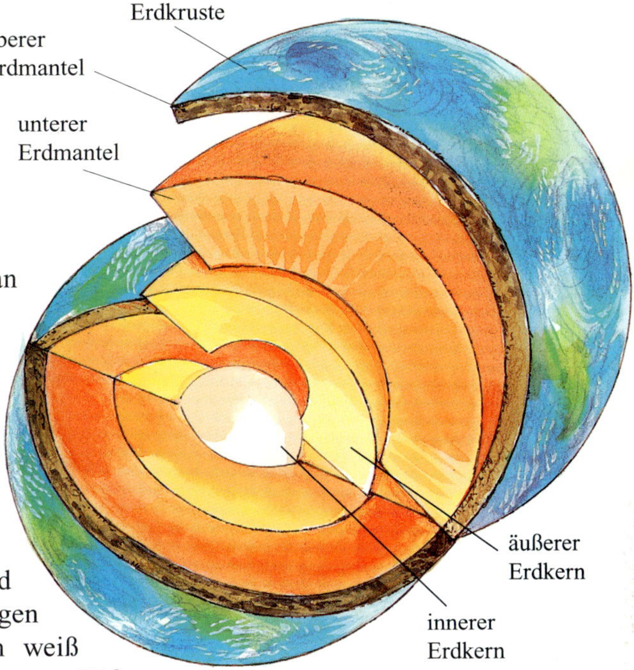

Das geht höchstens im Roman – wie etwa in dem 1864 erschienenen Buch „Reise zum Mittelpunkt der Erde" von Jules Verne. In Wirklichkeit würde ein Reisender schon nach wenigen Kilometern auf unüberwindliche Schwierigkeiten stoßen, wie die große Hitze und der gewaltige Druck im flüssigen Gestein der Tiefe. Dennoch weiß man ungefähr, wie es unter unseren Füßen aussieht: Die Erde ist, vergleichbar einer Zwiebel, aus mehreren Schichten mit unterschiedlichen Eigenschaften aufgebaut. Diese Schichten beeinflussen hindurchgehende Druckwellen von starken Erdbeben – und die hat man an vielen Orten der Erde gemessen und so eine Art Röntgenbild vom Bau der Erdtiefe gewonnen.

Die Erdkruste, auf der wir leben, ist nur 100 bis 150 Kilometer dick; relativ zum Erddurchmesser ist das eine hauchdünne Schicht. Direkt darunter liegt der obere Erdmantel, der bis in 300 Kilometer Tiefe reicht. Hier ist das Gestein etwa 1500 Grad Celsius heiß und zähflüssig. Die nächste Schicht, der untere Erdmantel, reicht bis in 2900 Kilometer Tiefe. Er enthält rund die Hälfte der gesamten Erdmasse. Das Gestein ist über 2000 Grad Celsius heiß, aber wegen des gewaltigen Drucks der darüber liegenden Gesteinsschichten ist es fest. Unter dem unteren Erdmantel beginnt mit einer deutlichen Grenze der äußere Erdkern. Dieser ist über 4000 Grad Celsius heiß und flüssig. Er besteht vermutlich vor allem aus Eisen, teils chemisch verbunden mit Sauerstoff oder Schwefel. Der eigentliche Erdkern mit rund 2000 Kilometer Durchmesser wiederum ist wegen des gigantischen Drucks trotz Temperaturen um 5000 Grad Celsius fest.

Man nimmt an, dass es in dem eisernen „Ozean" des äußeren Erdkerns gewaltige Strömungen gibt und dass dort starke elektrische Ströme fließen, die durch die Erddrehung sowie den Einfluss des Mondes angeregt werden. Sie erzeugen das Magnetfeld der Erde, das die Kompassnadel ausrichtet, uns vor gefährlichen Strahlungen aus dem Weltall schützt und die Polarlichter aufleuchten lässt.

Können Kontinente wandern?

Die Erdkruste ist in 7 große und über 20 kleinere Platten zerbrochen. Diese Platten tragen die Ozeanböden, und auf einigen liegen außerdem die aus leichterem Material bestehenden Kontinente. Erdinnere Kräfte schieben die Platten und damit auch die Erdteile mit Geschwindigkeiten von einigen Zentimetern pro Jahr umher. An manchen Stellen ziehen sie zwei Platten auseinander, im Spalt quillt dann glutflüssiges Gestein empor. In anderen Gebieten taucht eine Platte unter eine andere, was zu Tiefseegräben, einem Gebirge, Erdbeben und Vulkanen führen kann. Auch wenn zwei Kontinente zusammenstoßen, falten sich Gebirge auf – das ist mehrfach im Laufe der Erdgeschichte geschehen.

Das Bild der Erdteile hat sich ständig gewandelt. Vor etwa 300 Millionen Jahren hingen alle Erdteile als ein gewaltiger Kontinent zusammen; die Geologen haben ihn „Pangäa" genannt. Und zur Zeit der Dinosaurier hingen Afrika und Südamerika als Riesenkontinent Gondwana zusammen, der sich vor etwa 60 Millionen Jahren aufspaltete, wobei der Südatlantik entstand. Noch heute fällt auf, wie gut die Küstenlinien der Bruchstücke beider Kontinente aneinander passen.

Wie bilden sich Höhlen?

Die meisten Gesteine lösen sich kaum in Wasser. Eine Ausnahme macht Kalkstein, der weite Landschaften und Gebirge bildet. Er löst sich recht gut in Wasser, wenn es aus der Luft oder aus dem Erdboden Kohlendioxidgas aufgenommen hat. Dabei entsteht eine schwache Säure, die Kohlensäure. Und die löst Kalk gut: 10 Liter Regenwasser können etwa 9 Gramm Kalk lösen. Dabei läuft eine chemische Umsetzung ab, aus dem Kalk und der Kohlensäure bildet sich ein neuer, gut wasserlöslicher Stoff, den die Chemiker Calciumhydrogencarbonat nennen.

Das Regenwasser nagt daher ständig am Kalkstein, dringt durch feine Risse in die Tiefe und erweitert sie durch die Lösetätigkeit ständig. Mit der Zeit entstehen so Gänge, Höhlen und mitunter riesige unterirdische Hallen, in die nie ein Sonnenstrahl fällt. Das Wasser gräbt sich immer tiefer ins Gestein. Dann fallen die oberen Höhlenteile trocken und können betreten werden. Manchmal stürzt auch das Dach ein, und es bildet sich ein schmales, gewundenes Tal oder eine Grube.

Das Regenwasser löst...

...den Kalkstein immer weiter auf.

Nicht nur in Kalkgestein bilden sich Höhlen. Die Höhle im „Kalkberg“ in Bad Segeberg etwa liegt in (ebenfalls wasserlöslichem) Gipsgestein. Und in Vulkangebieten bilden sich bisweilen Lavahöhlen, wenn die Oberfläche eines Lavastroms erstarrt und der flüssige Inhalt ausläuft.

Wo gibt es Höhlen?

Kalkhöhlen findet man überall dort, wo es Kalkgestein gibt – und das ist in sehr vielen Gebieten der Fall. Allein in Deutschland kennt man über 10 000 Höhlen, zum Beispiel in der Schwäbischen und Fränkischen Alb, im Harz, im Sauerland und in den Bayrischen Kalkalpen. Noch reicher an großen Höhlen sind Österreich und die Schweiz. Die berühmtesten Höhlen der Erde liegen im Karstgebirge in Slowenien. Weitere große Höhlengebiete breiten sich im Südosten Nordamerikas, in Mittelamerika, in Südostasien und im Nahen Osten aus. In manchen Regionen gleicht der Untergrund einem Schwamm mit zahlreichen kleinen und großen Löchern und Gängen, die zum Teil zusammenhängen und noch längst nicht vollständig erforscht sind. Wegen der riesigen Räume unter der Erde spricht man manchmal sogar von einem ganzen Kontinent in der ewigen Dunkelheit.

Oft bilden sich in Höhlen vielgestaltige Tropfsteingebilde.

Wie entstehen Tropfsteine?

Tropft kalkgesättigtes Regenwasser durch Spalten in einen unterirdischen Hohlraum, gibt es Kohlendioxidgas ab. Die Folge davon ist, dass sich Kalk abscheidet. Jeder Tropfen an der Decke und auf dem Boden erzeugt einen dünnen Kalkfilm. Man nennt diesen so vom Wasser ausgeschiedenen Kalk „Sinter“. Oft ist er strahlend weiß, nicht selten aber auch durch mitgeführte Mineralien rostrot, braun, gelb oder grün gefärbt. Mit der Zeit bildet sich langsam ein langer Kalkzapfen, der von der

Decke hängt, ein „Stalaktit“. Ihm wächst ein anderen Kalkzapfen, ein „Stalagmit“, vom Boden her entgegen. Bisweilen vereinigen sie sich zu einer Säule. Oder sie wachsen entlang einer Spalte zu einem breiten „Wasserfall“ zusammen.

Die Erforschung von Höhlen ist spannend, aber auch anstrengend und gefährlich. Daher sollte man nie auf eigene Faust in die Unterwelt vordringen: Lebensgefahr! Wer sich zum Höhlenforscher berufen fühlt, kann einem der Höhlenvereine beitreten, die es an fast jeder größeren Höhle gibt. Oder er besucht die zahlreichen touristisch erschlossenen Schauhöhlen, in denen man das unterirdische Reich gefahrlos erkunden kann.

Welche Höhle ist am tiefsten?

Petersdom

Im Laufe der Jahrtausende hat das Wasser gewaltige unterirdische Hohlräume ausgenagt. In die 137 Meter hohe Halle der „Grotta gigante“ in Italien könnte man mühelos den Petersdom stellen. Im amerikanischen Bundesstaat Kentucky gibt es ein Höhlensystem, die Mammuthöhle, von der bisher über 560 Kilometer erforscht sind. Sie gilt als längste Höhle der Erde; vermutlich kennt man sogar erst einen Bruchteil aller Gänge und Spalten. Die längste europäische Höhle mit über 175 Kilometer ist das Hölloch in der Schweiz. Und in Deutschland gilt die Salzgrabenhöhle als längste mit gut 9 Kilometer. Manche Höhlen reichen sehr tief in die Erde hinein. Den Weltrekord hält zurzeit die Lamprechtsofenhöhle in Österreich mit 1 632 Meter. In Frankreich und in Spanien gibt es einige kaum weniger tiefe Höhlen. Deutschen Rekord hält der Geburtstagsschacht in den Bayrischen Alpen mit fast 700 Meter.

Gibt es auch mit Wasser gefüllte Höhlen?

Es gibt Gebiete, in denen ganze Flüsse unterirdisch in Höhlen fließen. Die Donau zum Beispiel versickert teilweise bei Immendingen in Spalten des Kalkgesteins. Das Wasser kommt, wie man durch Anfärben bewiesen hat, 12 km weiter südlich und 185 m tiefer als Aachquelle wieder an die Oberfläche und fließt in den Bodensee. Im slowenischen Karstgebirge gibt es sogar einen Fluss mit 5 Namen: Immer wieder verschwindet das Wasser in Erdlöchern und kommt an anderer Stelle wieder zum Vorschein. Als man das früher noch nicht wusste, gab man jedem der oberirdischen Bachläufe einen anderen Namen. Der Zirknitzer See im Karst ist ein „periodischer See", der mit wassergefüllten Höhlensystemen in Verbindung steht. Steht das Wasser in den Höhlen hoch, läuft der See voll, sinkt der Wasserstand, leert er sich.

Höhlen am Meer sind meist von blauem Licht erfüllt, wie die „Blaue Grotte" auf Capri.

Das Regenwasser, das sich in Kalkgebieten sammelt und unterirdisch fließt, kommt am Rand der Kalkscholle in mächtigen Quellen wieder zum Vorschein, nachdem es zuvor in meterbreiten Gängen durch die Tiefe geströmt war. Der Blautopf bei Blaubeuren etwa, Deutschlands kräftigste Quelle, liefert bei Hochwasser über 30 000 Kubikmeter Wasser pro Sekunde.

Wer einmal eine Wasserhöhle erleben will, sollte nach Zwiefalten in der Schwäbischen Alb fahren. Dort können Besucher mit einem Boot einige Dutzend Meter tief in die Wimsener Höhle fahren, aus der die Zwiefaltener Aach entspringt.

Fledermäuse orientieren sich mithilfe der Ultraschall-Echoortung.

Leben Tiere in Höhlen?

Im Gegensatz zu den Pilzen können Pflanzen in der ewigen Dunkelheit nicht existieren. Und unter den Tieren gibt es Arten, die sich an das Leben in der Finsternis angepasst haben, etwa kleine Krebse, Spinnen oder Insekten. Sie haben meist keine Augen mehr, und ihr Körper ist weiß, weil er auch auf die Farbstoffbildung verzichtet. Dafür haben sie meist empfindliche Fühler und Riechorgane, um im Dunkel Nahrung, Beute oder Geschlechtspartner zu finden. Oft haben sie lange Beine zum Krabbeln. Außerdem können sie lange Zeit ohne Nahrung auskommen. Das Höhlenleben bietet einige Vorteile: Es gibt kaum Feinde oder Temperaturänderungen; dort unten herrschen ganzjährig, im Sommer wie im Winter, 8 bis 10 Grad Celsius.

Andere Tiere leben nur zeitweise in Höhlen, zum Beispiel die Fledermäuse. Sie können sich dank eines Ultraschall-Echoortungssinnes selbst in völliger Dunkelheit bewegen und überwintern gerne tief in Höhlen. Während der Eiszeit verbrachten auch Höhlenbären und andere Tiere hier die kalte Jahreszeit. Sogar Menschen nutzten in der Steinzeit bisweilen Höhleneingänge als geschützte Wohnräume. Und Hallen weit im Höhleninnern dienten manchmal als Stätten, an denen sich die Jäger versammelten und dort das Jagdglück beschwörten.

Sand und Stein

Es gibt kaum etwas so scheinbar Alltägliches wie Sand und Steine. Doch bei genauerem Hinsehen wird das Thema plötzlich spannend: Wieso kann eine Sanddüne wandern? Und warum sind manche Felsen grau, andere aber rot, gelb oder gar weiß?

Woraus besteht Sand?

Es gibt kaum einen Naturstoff mit größerer Vielfalt in Farbe, Struktur und Zusammensetzung. Manchmal ist Sand reinweiß, dann spielt er ins Gelb oder er ist schwarz. Es gibt feinpulverigen Sand und relativ grobkörnigen. Mitunter erkennt schon das bloße Auge Reste von Tieren: Bruchstücke von Muschelschalen oder Schneckengehäusen.

Die Vielfalt spiegelt die unterschiedliche Herkunft der einzelnen Sandbestandteile wider. Sand entsteht, wenn Frost, Wind, Regen und fließendes Wasser unterschiedlich zusammengesetzte Gesteine zerkleinern. Verwittert das Gestein, fressen sich die Verwitterungskräfte zunächst vor allem entlang der Korngrenzen voran, weil sie dort weniger Widerstand finden. So trennen sie die Körnchen voneinander. Das fließende Wasser in einem Bach oder Fluss sorgt dann für weiteres Zerkleinern, indem es die Körnchen ständig gegeneinander schlägt. Es befördert sie großteils ins Meer, wo sie sich auf dem Grund ablagern. Kein Wunder also, dass man in der Nähe von Flussmündungen besonders schöne Sandstrände findet.

Sind alle Wüsten sandig?

Bei weitem nicht, auch wenn die meisten Menschen sich Wüsten so vorstellen. In Wirklichkeit sind nur ein Fünftel aller Wüsten Sandwüsten mit Dünen. Sehr viel größere Wüstengebiete sind von Geröll (rundlichen Steinen) oder Schutt (kantigen Steinbrocken) bedeckt. Oder ihr Untergrund besteht aus weiten Flächen mit nacktem Fels. Und schließlich gibt es noch die schneebedeckten Eiswüsten.

In manchen nordafrikanischen Wüsten bedecken Sandmeere aber immerhin Gebiete von der Größe Spaniens. Meist hat sich Sand in weiten Becken gesammelt. Dort hat ihn der Wind hineingetragen, oder die kurzzeitig nach Wüstenregen fließenden Bäche haben ihn hineingespült. Ein Teil ist auch durch Verwitterung der Felsen vor Ort entstanden. Denn ständig treibt der Wind Sandkörnchen umher und schleudert sie gegen die Felsen, die unter diesem ewigen Trommelfeuer nach und nach zermahlen werden.

Steinwüste

Es lohnt sich, verschiedene Sandarten unter der Lupe anzuschauen. Da verwandeln sich die unscheinbaren Körnchen plötzlich in glitzernde Edelsteine, glasklar, milchig matt, farblos oder in grünen, gelben, roten oder schwarzen Farben leuchtend.

Was sind Sanddünen?

Die kleinen Sandkörnchen sind so leicht, dass sie schon von schwachem Wind mitgeführt und über den Boden getrieben werden. Lässt der Wind nach, setzen sie sich ab. Auch an Hindernissen bilden sich Sandhaufen, so genannte Sandwehen. Solche Hindernisse können natürlich auch Sandhaufen selbst sein. Dann entstehen Dünen.

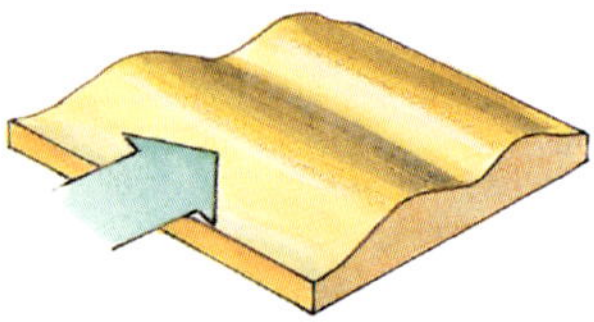

Querdüne

Barchand-Düne

Längsdüne

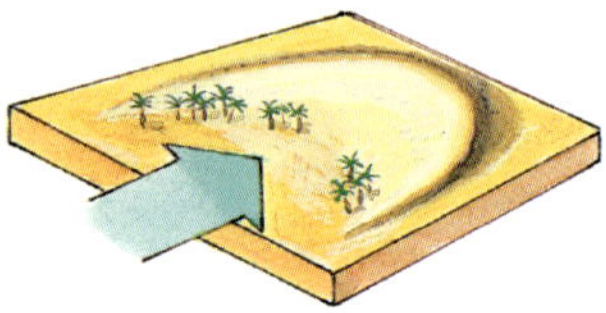

Parabeldüne

Je nach Stärke des vorherrschenden Windes, der Beschaffenheit des Sandes und der Geländeform gibt es ganz unterschiedliche Dünenformen. Am häufigsten findet man Querdünen. Das sind langgestreckte, wellenartige Gebilde, die quer zur vorherrschenden Windrichtung liegen. Manche langgestreckten Dünen liegen dagegen in Windrichtung. Das sind die Längs- oder Strichdünen, die bisweilen über 100 Meter hoch und viele Kilometer lang sind. Sichelförmige Dünen nennt man Barchand-Dünen. Sie bilden sich in eher sandarmen Gebieten. Ihre Spitzen zeigen in die Richtung, in die der Wind weht. Winde aus wechselnden Richtungen blasen manchmal Dünenberge zusammen, deren Form an Sterne erinnert. Sie erreichen eine Höhe von über 250 Metern.

Wie wandern Dünen?

Nackte Dünen sind in ständiger Bewegung. Der Wind treibt andauernd Sandkörnchen auf den Dünenkamm hinauf. An der windabgewandten Seite (Leeseite) rieseln sie dann herab.

So bewegt sich die Düne je nach Windgeschwindigkeit bis zu einigen Metern pro Jahr. Dabei entsteht eine flache Dünenböschung an der Windseite und eine steilere an der Leeseite, wo sich der Sand in Schichten übereinander ablagert.

In der Wüste stören solche wandernden Dünen kaum. Aber Dünen an Küsten haben schon oft Bäume, Felder oder sogar Häuser unter sich begraben; erst nach vielen Jahren entließ der weiterwandernde Sandhaufen sie dann wieder aus seiner Gewalt. Deshalb befestigt man die Küstendünen durch Bepflanzung. Die langen Wurzeln der Sandpflanzen wie etwa der Strandhafer befestigen den Sand und hindern ihn am Weiterwandern.

An unseren Küsten steht die Bepflanzung unter Schutz und darf nicht zerstört werden. Ansonsten würde sich die Düne sofort wieder in Bewegung setzen. Selbst eine kleine Lücke in der Pflanzendecke – etwa durch einen Fußpfad – kann dazu schon ausreichen, weil sie sich durch den Wind rasch vergrößert.

Warum sehen Steine verschieden aus?

Weil sie aus unterschiedlichen Gesteinen stammen. Es gibt Hunderte von Gesteinsarten mit unterschiedlicher Zusammensetzung aus verschiedenen Stoffen. Geologen unterteilen diese Vielfalt nach ihrer Entstehung in drei Gruppen: die Erstarrungsgesteine, die Ablagerungsgesteine und die metamorphen Gesteine.

Erstarrungsgesteine (auch magmatische Gesteine genannt) sind beim Abkühlen von Magma, also glutflüssiger Gesteinsschmelze, entstanden. Geschah das unterirdisch und daher langsam, konnten relativ große Kristalle wachsen. Diese Gesteine, wie etwa Granit, wirken aus diesem Grund grobkörnig. Erstarrt die Schmelze hingegen an der Erdoberfläche oder unter Wasser rasch, bildet sich ein sehr feinkörniges Gestein, zum Beispiel Basalt.

Ablagerungs- oder Sedimentgesteine bilden sich aus Ablagerungen. Das können zum Beispiel Ton, Sand, Kies oder Geröll sein, die Flüsse oder Gletscher herangetragen haben, oder vom Wind herangewehte Teilchen.

Viele Ablagerungen stammen auch von Lebewesen, etwa die Skelette winziger Tierchen, die nach und nach auf den Meeresgrund sinken und sich anhäufen. Torf und Kohle stammen von abgelagerten Pflanzenresten, Erdöl hat sich aus Tierresten gebildet. Und schließlich gibt es chemische Ausfällungen – etwa Kalk, der sich aus dem Meerwasser absetzt, oder auch Gips und Salze, die sich in eindunstenden Seen und Meersteilen ablagern. Unter ihrem eigenen Gewicht und dem Druck darüber liegender Schichten verfestigen sie sich zu Gestein, etwa Kalkstein, Sandstein oder Schiefertone.

Granit

Sandstein

Gneis

Die metamorphen Gesteine schließlich sind dadurch entstanden, dass andere Gesteinsarten in größere Erdtiefe gelangten und sich durch den dort herrschenden Druck und die Hitze veränderten. So entstand zum Beispiel Schiefer oder Gneis aus Schieferton, harter Quarzit stammt aus weichem Sandstein, und Kalkstein verwandelte sich in edlen kristallinen Marmor.

Warum gibt es auf Helgoland rote Felsen?

Eine Frage, die sich jeder Inselbesucher stellt. Denn rundherum gibt es sonst nirgendwo dieses Gestein. Des Rätsels Lösung ist recht verwunderlich: Salz.

Die Buntsandsteinschichten entstanden bereits vor über 200 Millionen Jahren, als weite Teile des heutigen Europas ein flaches tropisches Gewässer waren. Hier setzte sich der Sand ab. Später wurde er von anderen Gesteinen überdeckt, etwa Muschelkalk, Kreide, Ton und Sand. All diese Schichten lagern tief unter dem Boden der heutigen Nordsee. Aber nicht bei Helgoland. Dort drückten nämlich schon vor Jahrmillionen Erdbewegungen auf gewaltige Steinsalzlager, die dort noch unter dem Buntsandstein ruhen. Salz wird durch Druck beweglich; es dehnte sich daher nach oben aus. Dabei hob es mit gewaltiger Kraft die darüber liegenden Schichten mit empor, so dass sich die Gesteinsschichten schräg stellten. Die Verwitterung und Abtragung hobelte inzwischen die über dem Buntsandstein liegenden Schichten weg, so dass die roten Felsen frei liegen.

Wer sich an der bunten Vielfalt von Sand erfreuen will, kann sich eine kleine Sandsammlung anlegen. Das geht am besten und billigsten, wenn man reisende Freunde um Proben bittet. Den Sand füllt man dann in Reagenzgläser oder Fläschchen aus farblosem Glas ab und beschriftet sie mit Sandart und Herkunftsort, zum Beispiel „Vulkansand von Puerto de la Cruz, Lanzarote“ oder „Korallensand, Fidschi-Inseln“.

Schätze aus dem Boden

Erze, Edelsteine, Kohle, Öl, Baustoffe wie Sand und Kalk – die Erde liefert uns eine Fülle schöner und nützlicher Stoffe. Doch der wohl größte Bodenschatz ist der fruchtbare Boden selbst, von dessen Produkten wir alle leben.

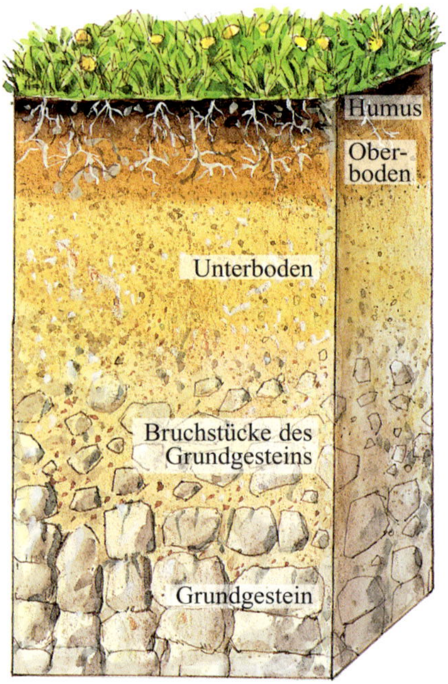

Die Schichten des Erdbodens

Wie bildet sich Erdboden?

Nach dem Abschmelzen der Gletscher waren weite Gebiete Mitteleuropas nur von kahlen Sandflächen, Steinen und Fels bedeckt und unbewachsen. Doch bald siedelten sich Flechten und Moose an. Ihre abgestorbenen Reste zersetzten sich, erste winzige Fleckchen Humus entstanden. Sie boten Lebensraum für anspruchslose Pflanzen, deren Samen Vögel und Wind von weither herantrugen. Diese Pioniergewächse schickten ihre Wurzeln tief in die Spalten des Gesteins und trugen dazu bei, es zu zersetzen. Nach und nach bildete sich braune Erde. Niedrige Büsche siedelten sich an, später auch Bäume, deren Wurzeln das Gestein bis in große Tiefen zersprengten.

Heute, viele tausend Jahre später, lassen sich im Boden deutliche Schichten unterscheiden: Zuunterst das unverwitterte Grundgestein, das nach oben hin immer mehr Spalten aufweist und schließlich in einzelne Körner und Steine zerfallen ist. Sie sind eingebettet in die braune Tonschicht, den mineralstoffreichen, doch noch unbelebten „Unterboden“. Darüber schließlich liegt der „Oberboden“ mit der von unzähligen Tieren und Pflanzen bewohnten dunklen Humusschicht. Ihre Bewohner sorgen dafür, dass Reste von Pflanzen und Tieren rasch in ihre Bestandteile zerlegt werden, so dass die enthaltenen Nährstoffe wieder den Pflanzenwurzeln zur Verfügung stehen.

In einer Hand voll guten Humusbodens gibt es weitaus mehr Lebewesen als Menschen auf der Erde. Das Gewicht all dieser Bakterien und Pilze, Einzeller, Würmer, Spinnen und Insekten zusammen ergibt pro Hektar (10 000 Quadratmeter) rund fünf Tonnen; so viel bringen 100 Schafe auf die Waage!

Was sind Edelsteine?

Saphir, Rubin, Smaragd, Diamant, Opal, Türkis, Amethyst – klangvolle Namen, die seit alters her für Schönheit und Reichtum stehen. Dabei bestehen die Edelsteine meist aus ganz normalen Bestandteilen häufiger Gesteine. Amethyst, Opal und Achat zum Beispiel bestehen alle aus Quarz, ähnlich wie viele Sandkörnchen oder ein normaler Kieselstein. Rubin und Saphir sind eigentlich nur gut kristallisierte Tonerde. Aber das gerade macht den Edelstein aus: seine Reinheit, seine großen Kristalle und eventuell seine klaren Farben, die oft von winzigen Mengen bestimmter natürlicher Beimischungen stammen. So wird Quarz durch winzige Mengen von Titanverbindungen zum Rosenquarz und durch kleine Zusätze von Eisen zu violettem Amethyst. Ähnlich ist es bei Tonerde: Etwas Titan verwandelt die farblosen Kristalle in blauen Saphir, Chromspuren dagegen in roten Rubin.

Ein Diamant

Der Diamant ist der härteste und bekannteste Edelstein. Besonders beliebt sind wasserklare Steine. Sie bilden sich unter hohem Druck und Temperaturen von über 1 000 Grad in etwa 150 Kilometer Tiefe. Vulkanische Vorgänge bringen sie dann bisweilen an die Oberfläche. Rohdiamanten ähneln mattem Glas. Schleift man sie aber auf eine bestimmte, sehr aufwändige Weise zu Brillanten, glitzern und funkeln sie prächtig.

Woher stammt unser Salz?

Salzhügel an einem Salzsee

Das Salz der unterirdischen Lagerstätten stammt letztlich aus dem Meer. Solche zum Teil mehrere hundert Meter mächtigen Salzschichten finden sich in vielen Teilen der Welt. In Deutschland gibt es sie zum Beispiel bei Lüneburg und in Berchtesgaden. Sie entstanden, als vor vielen Millionen Jahren Meeresteile durch Landhebungen vom Ozean abgetrennt wurden und eindunsteten. Heute liegen sie unter dicken Gesteinsschichten, die sie vor der auflösenden Wirkung des Regenwassers bewahren. Das Salz wird an vielen Orten in Bergwerken abgebaut.

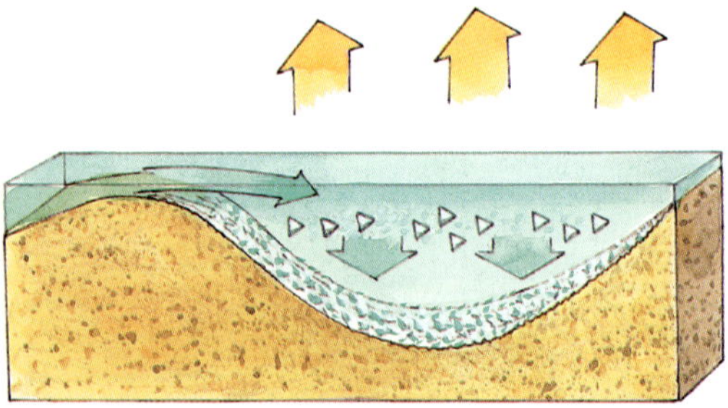

Vom Ozean abgetrenntes Meerwasser verdunstet; zurück bleibt eine Salzschicht.

Braucht man Salz nur zum Würzen?

Der größte Teil der jährlich geförderten 200 Millionen Tonnen dient zum Streuen der Straßen und Wege gegen Glatteis und als wichtiger Chemierohstoff. So wird aus Salz Soda hergestellt, das Bestandteil von Waschmitteln ist. Zerlegt man Salzlösungen mithilfe des elektrischen Stroms, entstehen drei Stoffe: Natronlauge, Wasserstoffgas und Chlorgas. Die Natronlauge, eine ätzende Flüssigkeit, wird unter anderem zur Herstellung von Aluminium, Papier und Seife gebraucht. Wasserstoff wird benötigt für chemische Umsetzungen oder zum Schweißen. Und Chlor dient zum Desinfizieren von Trinkwasser und ist wichtiger Rohstoff für eine Vielfalt chemischer Stoffe – etwa für den Computergrundstoff Silizium.

Wie hat sich Erdöl gebildet?

Im Laufe von Jahrmillionen aus den Körpern von Abermilliarden winziger Meerestierchen. Nach ihrem Tod sanken sie langsam hinunter auf den Grund. Ein Teil wurde im Schlick eingeschlossen. So bildete sich schwarzer Faulschlamm.

Immer neue Massen von Schlick und Sand deckten im Laufe der Zeit diesen Faulschlamm zu. Unter dem Druck und der Wärme der Tiefe zerfielen die Reste der Lebewesen. Chemische Reaktionen liefen ab, und es bildeten sich tröpfchenweise Erdöl und Erdgas, die in den Spalten und Poren des Gesteins langsam nach oben sickerten – bis eine undurchlässige Gesteinsschicht ihnen den weiteren Weg versperrte. Im Laufe der Zeit bildeten sich so riesige Lagerstätten von vielen Milliarden Tonnen Erdöl, die wir heute anbohren und in riesigen Mengen fördern.

Die Erdölreserven der Erde werden in wenigen Jahrzehnten erschöpft sein.

Woher kommt die Kohle?

Verbrennt man Briketts oder Steinkohle, so heizt man mit der Sonnenenergie früherer Erdzeitalter. Denn Kohle stammt von Pflanzen, die vor Jahrmillionen lebten. Vor über 300 Millionen Jahren waren große Teile der Erde von Sumpfwäldern bedeckt. Tote Bäume fielen in den Schlamm und wurden dort luftdicht abgeschlossen. Nach und nach lagerten sich weitere Schichten über die Baumreste, und unter Druck und Wärme zersetzten sie sich langsam zu Steinkohle. Sie besteht vor allem aus Kohlenstoff. In Tiefen bis über 1 000 Meter bildet die Steinkohle flache Bänder, die Flöze, die zwischen normalem Gestein liegen und mühevoll bergmännisch herausgehauen werden.

Einfacher ist die Gewinnung der Braunkohle. Sie ist weit jünger – deutsche Braunkohle ist ungefähr 20 Millionen Jahre, in anderen Ländern bis 100 Millionen Jahre alt. Die Braunkohle liegt nahe der Erdoberfläche und kann im Tagebau gewonnen werden. Braunkohle besitzt weniger Heizwert als Steinkohle, entflammt aber leichter.

Wie findet man Metalle?

Es ist nicht so einfach Metalle aufzuspüren. Nur Gold, Silber und selten Kupfer kann man mitunter in metallischer Form finden. Gold steckt meist in winzigen Mengen in hartem Quarzgestein, aus dem es mühevoll gewonnen weden muss. Oder man findet es in Form winziger Flitterchen im Sand bestimmter Flüsse.

Die meisten anderen Metalle kommen in der Natur nur als Erze vor. Darin sind sie chemisch verbunden mit Stoffen wie Schwefel oder Sauerstoff. An manchen Stellen hat sich das Erz angereichert. Dann lohnt es sich, es an diesen Lagerstätten abzubauen. Will man daraus das Metall gewinnen, muss man zunächst den Schwefel „abrösten", also durch Erhitzen des Erzes mit Luft vertreiben. Dann kann man das Metall durch Erhitzen mit Kohle bei hoher Temperatur gewinnen, weil sich Kohle mit Sauerstoff verbindet und das Produkt als Gas entweicht. Aus Eisenerzen werden nach diesen Methoden jährlich mehrere Millionen Tonnen Eisenmetall erzeugt, und auch Kupfer-, Blei- und Zinkerze werden so bearbeitet.

Register

Dieses Buch ist auf chlorfrei gebleichtem Papier gedruckt.

Bildquellennachweis

Illustrationen: Lorenzo Orlandi, Studio Novartis; Michaela Schneider, S. 9

Cartoons: Thies Schwarz, Hannover

Fotos: dpa, Frankfurt: S. 77; Focus, Hamburg: S. 103 (SPL); GEO-Zentrum an der KTB, Windischeschenbach: S. 108; getty images, München: S. 52 (oben), 94, 95, 99; Kurverwaltung Helgoland: S. 121; Photodisc, Hamburg: S. 6, 10, 11, 14, 15, 17, 18, 20, 22, 23, 28, 30, 32, 33, 35, 36, 40, 41, 42, 46, 48, 52 (unten), 55, 57, 66, 72, 73, 75, 76, 79, 82, 85, 88, 107, 113, 115, 117, 123, 126; Tessloff Verlag, I. Volleth: S. 81, 83; Ullstein Bild, Berlin: S. 58, 69, 102, 105, 124; Verkehrsbüro Pottenstein: S. 112; ZEFA, Düsseldorf: S. 27, 39

Umschlagfotos: Image bank, München (Surfer); ZEFA, Düsseldorf (Vulkanausbruch)

ISBN 3-7886-0964-8